Dragoş PĂSCULESCU
Teodora LAZĂR
Florin Gabriel POPESCU

Prevenção dos riscos eléctricos

Dragoș PĂSCULESCU
Teodora LAZĂR
Florin Gabriel POPESCU

Prevenção dos riscos eléctricos

ScienciaScripts

Imprint

Any brand names and product names mentioned in this book are subject to trademark, brand or patent protection and are trademarks or registered trademarks of their respective holders. The use of brand names, product names, common names, trade names, product descriptions etc. even without a particular marking in this work is in no way to be construed to mean that such names may be regarded as unrestricted in respect of trademark and brand protection legislation and could thus be used by anyone.

Cover image: www.ingimage.com

This book is a translation from the original published under ISBN 978-620-7-80874-8.

Publisher:
Sciencia Scripts
is a trademark of
Dodo Books Indian Ocean Ltd. and OmniScriptum S.R.L publishing group

120 High Road, East Finchley, London, N2 9ED, United Kingdom
Str. Armeneasca 28/1, office 1, Chisinau MD-2012, Republic of Moldova, Europe
Printed at: see last page
ISBN: 978-620-7-91376-3

DRAGOȘ PĂSCULESCU
Prof. Doutor Assoc., Eng.

TEODORA LAZĂR

Docente, Doutoramento, Eng.

FLORIN GABRIEL POPESCU
Prof. Doutor Assoc., Eng.

RISCOS ELÉCTRICOS PREVENÇÃO

2024

ÍNDICE

CAPÍTULO 1

MEDIDAS ORGANIZACIONAIS

1.1. CONDIÇÕES QUE DEVEM SER RESPEITADAS PELOS ELECTRICISTAS QUE TRABALHAM EM INSTALAÇÕES ELÉCTRICAS

Os electricistas que trabalham em instalações eléctricas devem satisfazer as seguintes condições

a) estar fisicamente apto e não ter nenhuma doença que impeça a atividade específica ou que possa causar ferimentos a si próprio ou a outros;

b) possuir competências para a ocupação e/ou a função que lhes será confiada, correlacionadas com a complexidade e o nível técnico das instalações que os vão servir;

c) Possuir a qualificação profissional e a competência necessárias para o trabalho que lhes é confiado, correspondentes ao cargo e/ou à atividade exercida ou a exercer;

d) conhecer, possuir e cumprir as disposições das regras de saúde e segurança no trabalho, as tecnologias, instruções e/ou procedimentos relativos à sua função e ao local de trabalho em que operam;

e) conhecer os procedimentos para retirar da rede eléctrica as pessoas electrocutadas e prestar os primeiros socorros.

Os jovens com menos de 18 anos não serão introduzidos nas equipas e/ou não receberão a tarefa de executar trabalhos com risco elétrico.

O estado de saúde (do ponto de vista físico e mental) é determinado por exame médico, efectuado em unidades de saúde especializadas, de acordo com as normas técnicas relativas ao exame médico das pessoas a empregar no seu trabalho e ao controlo médico periódico.

O exame médico é efectuado, a pedido das unidades (subunidades), no momento da contratação, periodicamente e sempre que a direção da subunidade o considere necessário.

O exame psicológico é obrigatório no momento da contratação, com uma periodicidade de 1, 2 ou 3 anos e/ou a pedido das unidades (subunidades) ou dos inspectores do trabalho.

Os electricistas de serviço (bibliotecas profissionais ou pessoas autorizadas) devem submeter-se ao exame psicológico anual.

O exame psicológico deve determinar as aptidões, o temperamento e o carácter da pessoa em causa, respetivamente a sua capacidade para ser responsável pela atividade específica, o nível de técnica e a complexidade das instalações servidas.

O exame psicológico deve ser efectuado de acordo com os testes psicoprofissionais, com base em testes psicológicos preditivos de seleção e orientação profissional elaborados por especialistas na matéria, em laboratórios especializados e, se for caso disso, de aptidão.

O nível de qualificação profissional e o conhecimento das regras de saúde e segurança no trabalho, incluindo os primeiros socorros em caso de eletrocussão, são determinados por exame no momento da contratação e verificados anualmente por exame.

O exame é efectuado por comissões, nomeadas por decisão do chefe da unidade, por pessoas singulares ou colectivas autorizadas para a prestação de serviços pelo MLSS (Ministério do Trabalho e da Solidariedade Social).

As comissões constituídas para o exame do nível de conhecimentos profissionais e das disposições de segurança e saúde no trabalho, devem conter, pelo menos, um quadro técnico com formação superior (engenheiro) na área da eletricidade, energia, eletrotécnica ou eletromecânica e uma pessoa autorizada pelo MLSS (Ministério do Trabalho e da Solidariedade Social), através de formação em segurança e saúde no trabalho.

Para o exercício e a função de condutor de veículos automóveis ou de veículos a motor (eletricista-condutor, eletricista-macaragista, etc.), os exames médicos devem ser efectuados em conformidade com o regulamento sobre a circulação rodoviária e com as regras em vigor do ISCIR (Inspeção do Estado para o Controlo das Caldeiras, dos Recipientes sob Pressão e das Instalações de Elevação).

A formação em matéria de saúde e segurança no trabalho deve ser efectuada em conformidade com as disposições da Lei 319/2006 (Lei da Saúde e Segurança no Trabalho).

1.2. AUTORIZAÇÃO PROFISSIONAL DOS ELECTRICISTAS

Informações gerais sobre os electricistas autorizados

A qualificação de eletricista autorizado é obtida apenas com base num exame que é realizado de acordo com as instruções de autorização desenvolvidas pela ANRE (Autoridade Reguladora Nacional de Energia), com base no Regulamento para a autorização de electricistas, verificadores de projeto, responsáveis técnicos pela execução, bem como peritos técnicos de qualidade e extrajudiciais no domínio das instalações eléctricas, aprovado pelo despacho ANRE n.º 116/2016, mo 847/08/12/2009. 116/2016, MO 847/08.12.2009

O candidato que for declarado admitido, após o exame, recebe a qualidade de eletricista autorizado certificada pelo cartão (passe).

O cartão de eletricista autorizado (passe) é nominal, intransmissível e válido em todo o território nacional, com base no visto periódico do emitente.

A atividade exercida como eletricista autorizado pode ser exercida pelo titular do cartão (passe) por conta própria ou como empregado de um agente económico com capital estatal ou privado.

Tipos de licenças de eletricista autorizadas

Os electricistas autorizados para o projeto/execução de instalações eléctricas ligadas ao Sistema Elétrico Nacional podem ter os seguintes tipos de licenças:

a) **grau I A**, para a *conceção* de instalações eléctricas de utilização, com uma potência instalada não superior a *10 kW* e uma tensão inferior a *1 kV*;

b) **grau I B**, para a *execução* de trabalhos de instalações eléctricas de utilização, com uma potência instalada não superior a *10 kW* e uma tensão inferior a *1 kV*;

c) **grau II A**, para a *conceção* de instalações eléctricas, com *qualquer potência instalada tecnicamente viável* e com uma tensão nominal inferior a *1 kV*;

d) **grau II B**, para a *execução* de trabalhos de instalações eléctricas, com *qualquer potência instalada tecnicamente viável* e com uma tensão nominal inferior a *1 kV*;

e) **grau III A**, para a *conceção* de instalações eléctricas, com *qualquer potência atingível* e com uma tensão nominal máxima de *20 kV*;

f) **grau III B**, para a *execução* de instalações eléctricas, com *qualquer potência atingível* e a uma tensão nominal máxima de *20 kV*;

g) **grau IV A**, para a *conceção* de instalações eléctricas, com *qualquer potência instalada tecnicamente viável* e com *qualquer tensão nominal normalizada*;

h) **grau IV B**, para a execução de instalações eléctricas, com *qualquer potência instalada tecnicamente viável* e com *qualquer tensão nominal normalizada*.

1.3. AUTORIZAÇÃO DOS ELECTRICISTAS EM MATÉRIA DE SEGURANÇA E SAÚDE NO TRABALHO

Os trabalhadores, mestres, técnicos e engenheiros qualificados ou equiparados a eletricista (energia, eletromecânica, eletrotécnica, instalações eléctricas na construção), independentemente da função ou antiguidade, que operem em instalações eléctricas em funcionamento ou nas suas imediações, onde existam riscos de natureza eléctrica, devem ser certificados como Técnico de Segurança e Saúde no Trabalho - SST.

A autorização deve ser efectuada em conformidade com a regulamentação em vigor ou com os regulamentos internos das empresas onde os trabalhadores estão empregados.

A autorização deve certificar que estão preenchidas as condições mínimas necessárias para o emprego ou a manutenção do cargo ou posição a exercer ou a ocupar pelo interessado.

A autorização deve ser feita no momento da contratação, em casos especiais (alterações ordenadas por novos regulamentos, revisões na sequência da retirada da autorização) ou aquando da mudança do grupo de autorização e actualizada anualmente.

A aprovação da autorização do pessoal acima referido, através da folha de exame para a autorização, é da competência do diretor da organização.

A ficha de exame de aprovação deve ser conservada no estabelecimento como documento de referência legal.

O chefe do estabelecimento ordena o preenchimento e a emissão do *talão de autorização*, em plena conformidade com o conteúdo do registo de exame para a autorização.

O cupão de autorização deve estar sempre com o pessoal autorizado durante o horário de trabalho.

A equipa de autorização pode ser retirada temporária ou definitivamente por quem a aprovou ou pelos inspectores de Segurança e Saúde no Trabalho da Inspeção do Trabalho, em consequência do incumprimento de uma das três condições acima referidas ou da violação ou inobservância do disposto nas normas de Segurança e Saúde no Trabalho.

Em caso de retirada temporária da equipa de autorização, a pessoa em causa deve submeter-se a um novo exame de conhecimento das regras de saúde e segurança no trabalho e, em função do resultado do exame, será concedida a equipa de autorização adequada.

A autorização e a sua autorização anual devem ter em conta que cada pessoa em causa está sujeita aos três exames seguintes, que devem ser inscritos no formulário de exame da autorização e que devem ser efectuados cumulativamente:

1) **exame médico**, em resultado do qual é atestado o cumprimento das condições específicas dos riscos da atividade;

2) **exame dos conhecimentos profissionais e das aptidões práticas**, em resultado do qual é atestado o nível de conhecimentos e competências;

3) **exame sobre o conhecimento das regras de saúde e segurança no trabalho e de primeiros socorros em caso de eletrocussão**, cujo resultado é atestado pelo grupo de aprovação.

Em função do grau de risco específico da atividade, as unidades que tenham regulamentado os seus regulamentos internos e a adequação dos testes psicológicos devem exigir laboratórios especializados para determinar o nível de aptidão.

O resultado do exame psicológico é registado pelo psicólogo no formulário de autorização do exame, especificando se o interessado possui as competências correspondentes ao nível de complexidade das instalações.

Se o resultado do teste não for satisfatório, o exame pode ser repetido uma vez mais.

A falta de competências, constatada pela segunda vez, torna a autorização da pessoa incompatível para o exercício da atividade para a qual foi solicitada a avaliação psicológica.

Para efeitos de homologação, as unidades devem especificar na ficha de exame de homologação as instalações específicas e as condições de risco em que o eletricista deve trabalhar.

Os exames médicos periódicos para as obras sem condições de risco específicas das instalações eléctricas são registados na ficha médica de tipo de emprego anexa à ficha de exame para autorização.

O resultado do exame médico para condições de risco específicas, inscrito pelos médicos na ficha de exame para autorização, deve indicar se o eletricista em causa preenche as condições para as quais o exame foi solicitado.

O resultado do exame médico efectuado aos electricistas que trabalhem em instalações ou nas suas imediações, mas onde não haja riscos eléctricos, será registado pelos médicos na mesma folha, atestando se a pessoa em causa está apta ou inapta para exercer a atividade para a qual o exame foi solicitado.

Se o chefe hierárquico direto ou o pessoal de controlo detectarem no trabalho de um eletricista deficiências no estado de saúde (física ou mental) ou na competência técnica ou profissional, o eletricista em causa deve ser submetido a um novo exame para obtenção de autorização.

O exame profissional e a verificação das aptidões práticas do pessoal consistem em apresentar por escrito as respostas a um conjunto de perguntas ou a uma bateria de testes, correspondentes ao nível tecnológico para o qual será habilitado, respetivamente a execução de um trabalho prático.

O nível mínimo de satisfação para o resultado do exame, ou seja, da prova prática, é de 6 valores.

O documento é anexado à folha de exame para efeitos de autorização.

O exame de conhecimento das regras de higiene e segurança no trabalho e de primeiros socorros em caso de eletrocussão consiste na apresentação escrita da resposta a um conjunto de perguntas ou a uma bateria de testes correspondentes ao grupo de aprovação para o qual o exame é efectuado, às competências e às responsabilidades dos interessados.

O nível mínimo de satisfação para o resultado do exame, ou seja, para a prova teórica e a prova prática de primeiros socorros, é de 7 valores.

O documento escrito é anexado à folha de exame para efeitos de autorização.

A atestação do nível satisfatório de reanimação em caso de primeiros socorros a um eletrocutado deve ser certificada com base no exercício prático no manequim simulador.

Os executores autorizados a trabalhar em condições especiais devem incluir estas indicações tanto na folha de exame de autorização como no cupão de autorização.

As <u>condições especiais para a autorização</u>, em termos de saúde e segurança no trabalho, são as seguintes

    a) trabalhar sob tensão;

    b) trabalho em altura;

    c) ensaios de alta tensão de uma fonte independente;

    d) trabalho com base nas Instruções Técnicas Internas de Segurança e Saúde no Trabalho - ITI - SST;

    e) medições eléctricas;

    f) defectoscopia;

    g) trabalhar com base na sua própria responsabilidade - OU;

    h) funciona como Obrigações de Serviço - SO.

As duas primeiras condições especiais de trabalho devem igualmente ser confirmadas pelo pessoal médico competente e, do ponto de vista profissional e da saúde e segurança no trabalho, todas as condições especiais devem ser confirmadas pela comissão (pessoa) que efectuou o exame.

O pessoal encarregado de efetuar os ensaios de alta tensão a partir de uma fonte independente, os trabalhos de defectoscopia ou a identificação dos cabos deve ser previamente qualificado e especialmente formado através de uma prática adequada no grupo de trabalho que efectua esses trabalhos.

Após o estágio mencionado, o pessoal será sujeito a um exame autorizado.

O exame consistirá em

a) verificação do conhecimento dos métodos de alta tensão, identificação dos cabos (seus percursos), conhecimento da tecnologia específica da defectoscopia, dos equipamentos, dos esquemas de montagem necessários aos respectivos trabalhos;
b) verificar as competências práticas relativas à execução destes trabalhos, com o equipamento fornecido;
c) verificar o conhecimento da interpretação dos resultados das medições e dos ensaios;
d) verificação da qualidade das regras de saúde e segurança no trabalho específicas para este tipo de trabalho.

O pessoal que vai executar trabalhos com base na ITI - SST deve ser examinado no que respeita ao conhecimento das disposições em matéria de saúde e segurança no trabalho específicas para o trabalho no terreno.

O pessoal devidamente declarado como resultado do exame deve ser confirmado através da menção do facto na rubrica "Conclusões" do formulário de exame para autorização.

O pessoal que satisfaça as condições de autorização do ponto de vista da saúde e segurança no trabalho será classificado num dos 5 grupos seguintes

a) Grupo I - Executor de trabalhos no âmbito da equipa de trabalho;
b) Grupo II - Executante de manobras;
c) Grupo III - Chefe de obra;
d) Grupo IV - Admissão de obras e/ou responsáveis por manobras;
e) Grupo V - Emitente.

Os grupos superiores acumulam igualmente os direitos e as responsabilidades dos grupos inferiores, permitindo a execução de obras ou operações específicas destes grupos.

A classificação dos electricistas em graus de autorização fica ao critério do responsável da entidade jurídica.

A atribuição de um grupo de homologação mais elevado ou a mudança de atividade ou de instalação só serão efectuadas após a realização de um novo exame da pessoa em causa correspondente a essa mudança.

O cupão de autorização deve especificar as instalações eléctricas a que o titular tem acesso para o exercício da atividade, a execução de obras ou as operações ordenadas.

O restante pessoal especializado (desertores de máquinas, soldadores, serralheiros, pintores, latoeiros, carpinteiros, construtores, etc.), bem como o pessoal não qualificado cuja presença nas instalações eléctricas seja necessária para a execução dos trabalhos, não deve ser titular de um cupão de autorização, pelo que não deve ser autorizado como tal.

O pessoal acima mencionado será incluído em grupos de trabalho, como executores, subordinados ao chefe de trabalho ou ao supervisor, conforme o caso.

Os praticantes (estudantes) não devem receber cupão de autorização e não estão sujeitos ao procedimento de autorização, participam no trabalho sob a supervisão estrita do supervisor.

1.4. EXECUÇÃO DE TRABALHOS POR PESSOAL DELEGADO

As actividades realizadas pelo pessoal delegado nas instalações eléctricas de uma unidade operacional devem ser abrangidas por uma das seguintes condições
   a) o pessoal delegado pertence a outra unidade operacional;
   b) o pessoal delegado pertence a uma unidade especializada em trabalhos em instalações eléctricas (construção-montagem, manutenção-reparação);
   c) o pessoal delegado pertence a uma unidade especializada na execução de trabalhos de assistência, testes para a entrada em funcionamento, melhoramentos nas instalações, experiências;
   d) o pessoal delegado pertence a uma unidade operacional e executa trabalhos e manobras em unidades que têm instalações eléctricas sob gestão, mas não têm actividades operacionais organizadas;
   e) o pessoal delegado pertence a uma unidade não especializada em trabalhos em instalações eléctricas.

A execução de trabalhos ou manobras por pessoal delegado pertencente a uma unidade operacional instalações de outra unidade operacional pode dever-se ao facto de:
   a) o ponto de delimitação da gestão dos activos fixos está situado nas instalações da segunda unidade operacional;
   b) o equipamento de medição para a liquidação da eletricidade está localizado nas instalações da segunda unidade operacional;
   c) o equipamento operado está sob a gestão de uma unidade operacional e localizado nas suas instalações, mas está a ser operado por outra unidade operacional;

d) as instalações eléctricas tenham sido construídas ou utilizadas de forma a que o manuseamento de certos aparelhos possa também ser efectuado pelo pessoal da segunda unidade operacional;
e) foi acordado desta forma através de convenções de funcionamento.

A execução de trabalhos e/ou manobras por pessoal delegado pertencente a uma unidade operacional nas instalações de outra unidade operacional deve ser efectuada apenas com base em convenções operacionais e que, em termos de SST, devem conter:
a) delimitação das instalações entre as duas unidades;
b) lista dos trabalhos e manobras a efetuar pelo pessoal delegado;
c) que define as responsabilidades pela aplicação destas regras específicas de SST à execução de trabalhos e manobras nas respectivas instalações;
d) medidas organizacionais de SST durante a execução das obras.

As convenções de funcionamento devem ser tomadas ao nível dos gestores de unidade, em regra, por tempo indeterminado e actualizadas sempre que existam elementos que o justifiquem.

As convenções de funcionamento celebradas entre as unidades operacionais devem especificar as manobras, as operações e os trabalhos que podem ser efectuados pelo pessoal delegado em regime de serviço ou de ITI - OHS.

Nas instalações eléctricas com pessoal de serviço operacional, pode ser aceite pessoal delegado para executar trabalhos de ITI - SST.

Os trabalhos efectuados pelo pessoal delegado pertencente a uma unidade especializada (construção-montagem, manutenção-reparação) devem ser realizados com base em autorização de trabalho, protocolo ou ITI - SST e enquadrar-se numa das seguintes situações:
a) obras de construção-montagem, a fim de ampliar ou modernizar as instalações eléctricas em funcionamento, incluindo as obras de manutenção-reparação;
b) A intervenção tem como objetivo a liquidação das consequências de alguns incidentes (perturbações), aos quais a unidade operacional não consegue fazer face com as suas próprias forças.

As obras devem ser efectuadas em conformidade com as convenções de obras celebradas entre a unidade especializada e a unidade operacional, antes do início das obras, como anexos ao contrato de execução. Essas convenções devem conter, consoante o caso
a) os limites entre as instalações em que os trabalhos serão efectuados e as que ficarão sob tensão;
b) responsabilidades pelas medidas de SST;

c) as obrigações da unidade de exploração da instalação de formar o pessoal delegado sobre as condições de segurança específicas do trabalho da instalação em que as obras devem ser efectuadas;
d) obrigações mútuas para a execução das obras;
e) a construção de vedações;
f) conformidade com a zona de trabalho e as condições de acesso do pessoal;
g) o modo de trabalho com fogo aberto (chama);
h) armazenamento de materiais;
i) programas de trabalho;
j) outras disposições.

Os contratos de empreitada celebrados ao nível dos responsáveis das unidades permitem estabelecer as condições em que o pessoal delegado fica habilitado a efetuar as manobras de remoção e reenergização das instalações eléctricas. A procuração é da competência da unidade de exploração e só deve ser concedida se os executantes respeitarem o nível de autorização.

Nos casos em que o trabalho baseado em protocolos é efectuado em áreas de trabalho nas instalações de centrais eléctricas, subestações ou unidades de transformação, devem ser tomadas as seguintes medidas
a) assegurar a vedação das instalações deixadas sob tensão, de modo a evitar lesões eléctricas;
b) garantir um acesso separado, sem atravessar o território onde se encontram as instalações em funcionamento. Se não for possível assegurar um acesso separado, a equipa de trabalho e as máquinas devem entrar e sair da zona de trabalho vedada apenas acompanhados pelo pessoal de exploração, que manterá o portão de comunicação desta zona trancado ao território onde se encontram as instalações em funcionamento;
c) é proibido, em qualquer ponto da zona de trabalho, ter instalações eléctricas de alta tensão sob tensão (no solo ou em altura). Só é permitida a manutenção de instalações de baixa tensão necessárias ao trabalho. Os circuitos secundários que não possam ser tecnicamente desenergizados serão protegidos de forma a evitar que sejam tocados diretamente;
d) a recolocação em funcionamento da instalação confiada ao pessoal delegado deve ser feita após a verificação, pela unidade operadora, da sua integridade, bem como da sua conformidade com o estado inicial, respetivamente com as disposições do projeto no âmbito do qual as obras foram executadas.

Durante a execução dos trabalhos, a unidade deve tomar todas as medidas técnicas para evitar acidentes, independentemente da sua natureza.

Os trabalhos efectuados por pessoal delegado pertencente a uma unidade (subunidade) especializada em trabalhos de manutenção, ensaios de entrada em funcionamento, etc., devem ser classificados numa das seguintes categorias

    a) trabalhos de assistência, envolvendo grupos de trabalho especializados ou equipamento especial;

    b) realização de ensaios para a entrada em funcionamento de alguns equipamentos;

    c) trabalhos de modernização de instalações (proteção, telemecânica, telecomunicações, etc.);

    d) experiências em instalações relativas a novos equipamentos, produtos ou tecnologias.

Estes trabalhos devem ser executados de acordo com as convenções de trabalho celebradas ao nível dos responsáveis das unidades e entre a unidade especializada e a unidade operativa das instalações em que vão ser executados, com base em autorização de trabalho, protocolo ou ITI - SST.

Os trabalhos executados pelo pessoal de uma unidade operadora nas instalações eléctricas da direção de unidades, instituições, associações de condóminos, etc., que não tenham organizado actividades de exploração dessas instalações, devem enquadrar-se numa das seguintes situações

    a) intervenções para resolver os incidentes (perturbações);

    b) operação planeada, manutenção ou reparações.

Esses trabalhos devem ser efectuados em conformidade com as convenções de trabalho celebradas a nível dos gestores de unidade, com base na autorização de trabalho ou na ITI - SST.

Nestas situações, o pessoal delegado pode exercer as funções de emissor, de admissão, de chefe de obra ou de executor de obras, de responsável e de executor de manobras, cabendo-lhe assegurar as medidas técnicas e organizativas de proteção do trabalho na execução das obras.

O trabalho efectuado pelo pessoal delegado pertencente a uma unidade não especializada (prestação de serviços, construção, instalações não eléctricas, etc.) deve enquadrar-se numa das seguintes situações

    a) trabalhos de pintura em instalações eléctricas, aberturas coloridas de linhas eléctricas, corte de relva em estações, subestações ou unidades de transformação, etc.

    b) obras de pintura, arranjo ou reparação de instalações de construção e não eléctricas em estações, subestações ou unidades de transformação, etc.

Essas obras devem ser efectuadas em conformidade com as convenções de obras, celebradas a nível dos chefes de unidade, que conterão:
   a) a obrigação da unidade operacional de formar o pessoal delegado e de registar num protocolo as condições específicas e as obrigações mútuas na execução dos trabalhos;
   b) definição de responsabilidades relativamente às medidas de SST;
   c) a forma de organização em que os trabalhos serão executados ou a sua inexequibilidade;
   d) os nomes das pessoas responsáveis pela execução e do chefe de equipa;
   e) condições e modo de acesso às instalações eléctricas em funcionamento;
   f) a necessidade de executar trabalhos com o supervisor e a sua nomeação.

Para a realização de trabalhos programados pelo pessoal delegado, em instalações eléctricas em funcionamento ou na sua proximidade, a unidade (subunidade) a que pertence o pessoal delegado deve dirigir-se por escrito à unidade ou subunidade de exploração dessas instalações, solicitando autorização para a execução dos trabalhos.

Para efetuar trabalhos com base na autorização de trabalho ou no protocolo emitido pela unidade (subunidade) operacional, a unidade a que pertence o pessoal delegado deve submeter à aprovação da unidade (subunidade) operacional um programa de trabalho que contenha:
   a) o local (instalações) onde o trabalho deve ser efectuado;
   b) o(s) trabalho(s) a efetuar;
   c) a instalação deve ser separada eletricamente ou retirada da tensão;
   d) a data de início da execução e a duração das obras;
   e) o nome e apelido do chefe de obra (equipa) e dos executores e respectivos grupos de autorização;
   f) o nome e apelido da pessoa da unidade de execução responsável pela preparação e coordenação da execução dos trabalhos.

O programa é igualmente elaborado no caso de trabalhos efectuados por grupos de trabalho de outra especialidade.

Com a aprovação do programa de trabalho pelas pessoas estabelecidas pela convenção de obras, a unidade operacional (subunidade) e a unidade de execução devem também determinar as pessoas responsáveis pela preparação, coordenação dos trabalhos e cumprimento do estabelecido na convenção de obras.

Quando uma unidade operacional executa, nas suas próprias

instalações, trabalhos que exigem a subtensão das instalações e por uma segunda unidade operacional (em resultado de estas instalações serem alimentadas diretamente a partir das estações, das subestações ou das linhas eléctricas da segunda unidade operacional), deve dirigir-se à primeira unidade operacional para a segunda unidade operacional ao abrigo do acordo operacional celebrado a nível dos chefes de unidades para a execução de manobras, declarando

a) as instalações em que as manobras devem ser efectuadas e as condições operacionais necessárias para o trabalho;
b) as obras a efetuar nas suas próprias instalações;
c) a data solicitada para o início dos trabalhos e a sua duração;
d) o nome e apelido da pessoa a quem a comunicação será feita a execução das manobras, respetivamente a conclusão dos trabalhos.

A aprovação do início dos trabalhos será comunicada à unidade operativa que solicitou a libertação da tensão, pela pessoa autorizada para o efeito e será inscrita nos registos operacionais de ambas as unidades operativas. A confirmação da conclusão dos trabalhos deve ser efectuada pelo responsável da obra, de acordo com a metodologia constante de regulamento próprio.

Os meios de proteção necessários à execução das obras, a delimitação material da zona de trabalho e o seguro contra acidentes de natureza não eléctrica devem ser assegurados pela unidade (subunidade) a que pertence o pessoal delegado ou, em caso de acordos prévios, pela(s) unidade(s) operadora(s). A este respeito, os esclarecimentos necessários serão efectuados nas convenções de exploração ou de trabalho.

1.5. EXECUÇÃO DE OBRAS COM BASE NA AUTORIZAÇÃO DE TRABALHO

Para realizar trabalhos nas instalações eléctricas em funcionamento com base na autorização de trabalho, devem ser tomadas as seguintes medidas organizacionais:

a) Emissão da autorização de trabalho e ordem de execução dos trabalhos;
b) Admissão ao trabalho;
c) Iniciar e conduzir os trabalhos;
d) Cumprimento das formalidades em caso de interrupção dos trabalhos;
e) Cumprimento das formalidades no final da obra.

Emissão da autorização de trabalho e ordem de execução das obras

A autorização de trabalho deve ser preenchida de forma clara, lida e sem qualquer rasura ou correção, por todos os intervenientes neste documento (emissor, admissão, chefe de obra).

A autorização de trabalho deve também incluir o esquema elétrico da instalação primária ou da parte da mesma a ser trabalhada.

O esquema elétrico indicará: as separações eléctricas com as tomadas de terra que as fecham, as zonas de trabalho e outros elementos necessários a destacar, a fim de assegurar a proteção dos trabalhadores durante a execução dos trabalhos.

A autorização de trabalho deve ser emitida para a execução de uma ou mais obras numa única instalação eléctrica.

O número de autorizações de trabalho deve ser único para cada subunidade operacional (secção, oficina, centro, laboratório, subestação de energia com pessoal de serviço operacional, central eléctrica, etc.), de modo a excluir a existência de várias autorizações de trabalho com o mesmo número numa mesma instalação e obra.

A desvinculação dos cabos às linhas eléctricas aéreas, a remoção de partes de barramentos ou a desvinculação dos condutores do equipamento, a fim de obter separações visíveis, bem como as operações inversas, constituem cada uma delas um trabalho independente e devem ser realizadas com base numa autorização de trabalho separada, exceto no que se refere à execução destas operações pelo pessoal de serviço operacional.

A dimensão das áreas de trabalho deve ser determinada pelo emitente, em regra, consultando o chefe de obra a este respeito.

O principal critério para determinar a dimensão de uma área de trabalho é a possibilidade de o chefe de trabalho controlar a atividade do grupo de trabalho e/ou supervisionar os seus membros.

É permitido efetuar os trabalhos com base na mesma autorização de trabalho, numa instalação que é repetidamente colocada sob tensão, se durante a execução dos trabalhos não for feita qualquer modificação do esquema de funcionamento da(s) instalação(ões) de modo a que a tensão seja removida através da repetição das mesmas manobras.

A obra só é iniciada após a aprovação da admissão e só é considerada concluída após a confirmação deste facto, a admissão, pelo chefe de obra.

No caso de instalações remotas, que são simultaneamente o local de trabalho do responsável pela admissão, a transmissão da autorização de trabalho do emissor para o responsável pela admissão deve ser efectuada por um estafeta (que pode ser o chefe da obra). Neste caso, o estafeta só assina o exemplar da autorização de trabalho, que fica na posse do emitente, após a sua receção.

Em casos especiais, é permitida a transmissão indireta do conteúdo da autorização de trabalho, previamente elaborada, nas seguintes condições

a) o conteúdo da autorização de trabalho deve ser transmitido por conversa direta entre o emissor e a admissão;

b) após receber o conteúdo da autorização de trabalho, o admitido deve ler ao emissor o conteúdo que escreveu e confirmar a exatidão com que o entendeu. Considera-se que a autorização de trabalho foi apropriada pela admissão.

Todas as disposições da autorização de trabalho, registadas pelo emitente, devem ser cuidadosamente analisadas pelo admiistrador, que confirmará a apropriação através de assinatura, no local reservado na parte emissora.

Quaisquer mal-entendidos ou dúvidas quanto ao conteúdo da autorização de trabalho serão imediatamente esclarecidos, não sendo permitida a passagem à fase seguinte (admissão ao trabalho) enquanto o conteúdo da autorização de trabalho não tiver sido compreendido e apropriado.

Admissão ao trabalho

A admissão ao trabalho deve ser feita após a aplicação efectiva das medidas técnicas de segurança do trabalho, eventualmente decorrentes de regras específicas próprias, na instalação onde se vai trabalhar.

Para o efeito, a admissão e o chefe da obra devem verificar a correspondência entre as medidas técnicas ordenadas pela autorização de trabalho e as executadas e confirmá-las através da assinatura na autorização de trabalho.

A admissão ao trabalho do chefe da equipa de trabalho só é considerada concluída após terem sido tomadas todas as medidas técnicas ordenadas.

O requerente só deve confirmar a execução de todas as medidas técnicas, preenchendo e assinando a autorização de trabalho, depois de ter efectuado pessoalmente essas medidas ou de ter recebido a confirmação da sua execução.

No caso de transmissão direta da autorização de início dos trabalhos, a admissão deve apresentar ao chefe da obra (verbalmente ou por exposição direta) as medidas técnicas efectuadas e as partes da instalação que ficaram sob tensão nas proximidades.

O chefe da obra, após ter tomado conhecimento, através da autorização de trabalho e/ou no terreno, das medidas técnicas efectuadas e da dimensão da(s) zona(s) de trabalho, se esta(s) tiver(em) sido executada(s) pela admissão, deve confirmar a sua apropriação assinando na autorização de trabalho na parte que lhe é reservada. A partir deste momento, o chefe de obra torna-se responsável pelos trabalhos que lhe são confiados.

Se o chefe de obra considerar que as medidas técnicas não são suficientes ou verificar que o pessoal do serviço operativo não tomou todas as medidas técnicas necessárias para atingir a zona de trabalho, de acordo com o disposto nesta norma, deve solicitar ao pessoal do serviço operativo que as complete, registando-as na autorização de trabalho, na parte relativa ao "início e execução dos trabalhos".

Assinam tanto a admissão como o cabeçalho do trabalho, nas rubricas reservadas.

Em caso de apresentação indireta da autorização de início dos trabalhos, as mensagens devem ser inscritas nos registos operacionais ou no livro de mensagens pela admissão, respetivamente na autorização de trabalho pelo chefe da obra.

Quem recebe a mensagem radiofónica ou telefónica deve confirmar a compreensão correcta da mesma, repetindo o seu conteúdo.

Se as condições técnicas da rede de telecomunicações o exigirem, admite-se que a transmissão da mensagem radiofónica ou telefónica entre a entrada e o chefe de trabalho seja feita indiretamente, através do pessoal do serviço operativo ou do comando operativo.

Nestas situações, o pessoal de transmissão registará a mensagem nos seus registos operacionais.

A mensagem deve conter as medidas técnicas efectuadas e a data e hora da apresentação da autorização de início dos trabalhos.

Após a receção da mensagem, o chefe de obra deve preencher a parte reservada à admissão na autorização de trabalho.

Em seguida, o chefe de obra deve confrontar o conteúdo da mensagem com as disposições do emitente na autorização de trabalho, após o que assinará na parte reservada ao chefe de obra aquando da admissão ao trabalho.

A partir desse momento, o chefe de obra torna-se responsável pelo trabalho que lhe é confiado.

No caso de uma mensagem escrita, esta será anexada à autorização de trabalho.

Iniciar e conduzir os trabalhos;

Depois de a admissão ter aprovado os trabalhos, o chefe da obra deve identificar a instalação ou parte da instalação a intervir.

O chefe de obra, juntamente com um membro da equipa, deve executar a área de trabalho em conformidade com as medidas técnicas.

Se a área de trabalho foi realizada pela admissão, o chefe da obra deve verificar a correção das medidas tomadas, aceitando-as ou não, sob a sua própria responsabilidade.

O chefe de obra e os membros da formação devem conhecer o conteúdo da ficha tecnológica ou da instrução técnica de trabalho específica da obra a executar.

Haverá uma breve formação sobre os mesmos.

O chefe de obra, juntamente com os membros da equipa de trabalho, deve organizar e preparar as condições específicas para os trabalhos em altura, se as condições de trabalho o exigirem.

O chefe de obra deve dar formação aos membros da equipa de trabalho, aos comerciantes de máquinas, a outro pessoal especializado, sobre os limites da zona de trabalho, sobre as instalações de tensão próximas, incluindo sobre as medidas de segurança do trabalho não elétrico.

O chefe de obra deve preencher o formulário de autorização de trabalho e assiná-lo juntamente com os membros da equipa, confirmando a aplicação das medidas que lhes incumbem.

Nas instalações eléctricas com supervisão, as medidas técnicas para a realização da área de trabalho devem ser tomadas pelo pessoal do serviço operacional, que também fará a admissão ao trabalho.

Para verificar a falta de tensão, a ligação à terra e o curto-circuito, é necessário respeitar as regras.

O chefe de obra deve verificar a adoção destas medidas e confirmá-las através da assinatura na autorização de trabalho.

Todos os membros da equipa de trabalho devem assinar a autorização de trabalho, após terem tomado conhecimento da formação ministrada pelo chefe de obra, confirmando com essas assinaturas que tomaram conhecimento dos limites da zona de trabalho, das medidas de segurança do trabalho a observar e das tarefas que lhes são confiadas.

Após a conclusão de todos os pontos acima referidos, é permitido iniciar o trabalho efetivo na zona de trabalho.

Durante a realização da área de trabalho, o chefe da obra deve tomar medidas para evitar lesões a si próprio ou aos membros da formação com quem efectua as operações preparatórias, respeitando o disposto nas normas específicas e/ou regulamentos internos.

Durante a execução da obra, o chefe da obra deve estar permanentemente na zona de trabalho, assegurando o controlo da atividade da equipa de trabalho, a supervisão dos seus membros ou a participação nos trabalhos confiados.

Se nas proximidades da zona de trabalho, abaixo da distância de proximidade, existirem instalações sob tensão e os seus invólucros (redes, barreiras, etc.) permitirem a passagem de objectos, ferramentas ou outros meios de trabalho, o chefe de obra não efectuará operações no interior da obra, exercendo apenas a supervisão permanente dos membros da equipa de trabalho.

Se, nestas situações, for necessário participar efetivamente na execução de operações ou verificar a qualidade de uma operação, deve interromper o trabalho da equipa de trabalho, que permanece na zona de trabalho sem realizar qualquer operação. A interrupção da atividade não será registada na autorização de trabalho.

O chefe de obra efectua a operação ou o controlo necessários, eventualmente com a ajuda de um membro da equipa de trabalho.

Após a conclusão da operação ou do controlo pelo chefe de trabalho, o trabalho pode normalmente ser retomado.

Durante a execução dos trabalhos, o chefe da obra e os membros da equipa de trabalho estão proibidos de abrir as caixas (fixas ou móveis) ou os visores, coberturas, etc., relacionados com instalações que não façam parte da zona de trabalho.

Todos os membros da equipa de trabalho devem estar permanentemente na zona de trabalho. Se a natureza dos trabalhos o exigir, é permitido que alguns membros da equipa de trabalho trabalhem separadamente (noutro andar, noutra sala, no posto exterior, subestação ou unidade de transformação).

Neste último caso, o subgrupo que trabalha separadamente (mesmo que seja uma só pessoa) deve ter uma formação especial dada pelo chefe da obra (sem registo) e ter condições de trabalho seguras, de modo a evitar o perigo de ferimentos (portas fechadas para as partes sob tensão, caixas permanentes, sinais de segurança, etc.).

O subgrupo que trabalha separadamente deve ser constituído por um eletricista com, pelo menos, o grupo de autorização III, assumindo este último as prerrogativas do chefe de obra.

Se o subgrupo for constituído por uma pessoa, esta deve ser um eletricista com um mínimo de autorização do grupo III.

Se o chefe de obra abandonar a zona de trabalho, deve evacuar os membros da equipa dessa zona e ninguém pode regressar a ela enquanto o chefe de obra estiver ausente.

Na zona de trabalho, só têm acesso o pessoal de entrada e de controlo, para além dos elementos da equipa de trabalho.

O chefe de trabalho ou os membros da equipa de trabalho devem proibir a entrada de outras pessoas na zona de trabalho.

O chefe de obra tem o direito de alterar a composição da sua própria equipa, no sentido de retirar ou introduzir pessoas, registando-o na autorização de trabalho na parte "alterações na composição da equipa de trabalho".

As pessoas afastadas (se estavam presentes na admissão ao trabalho) e as que foram introduzidas na equipa de trabalho devem assinar a autorização de trabalho, confirmando que já não entrarão na área de trabalho, respetivamente, que receberam formação quando entraram na equipa.

Quando o chefe de obra supervisiona uma formação de outros especialistas, deve executar ou prever medidas técnicas no local de trabalho, para evitar acidentes eléctricos e para formar a formação dos trabalhadores.

Durante a execução dos trabalhos, o chefe de obra que supervisiona a equipa de trabalho de outra especialidade deve estar permanentemente na área de trabalho, com o objetivo de que os membros da equipa de trabalho não ultrapassem os limites dessa área.

A gestão da outra equipa de trabalho especializada cabe ao seu chefe, em termos de distribuição de tarefas e de realização de formação para a prevenção de acidentes.

No que diz respeito à observância das medidas de segurança da SST nas instalações eléctricas, o chefe da equipa de trabalho e os membros da equipa de trabalho devem executar as disposições do chefe de obra.

A mudança para outra área de trabalho é feita a cargo do chefe de trabalho. Na nova área de trabalho, o chefe de trabalho deve efetuar todas as medidas técnicas necessárias.

Não é permitido estabelecer outras zonas de trabalho ou aumentá-las em relação às disposições da autorização de trabalho.

O chefe de obra deve registar na autorização de trabalho as medidas técnicas por ele tomadas na nova zona de trabalho e deve formar os membros da equipa de trabalho, assinando na autorização de trabalho na coluna prevista para o efeito e confirmando, desta forma, que foram tomadas todas as medidas técnicas de segurança necessárias na nova zona de trabalho e que os membros da equipa de trabalho receberam formação.

Após a conclusão dos trabalhos na zona de trabalho, o chefe de obra deve supervisionar o aperto das ferramentas, dos dispositivos de trabalho e da máquina para desmontar os meios de proteção colocados ao seu cuidado e deve também evacuar os membros da equipa de trabalho da zona.

Os dispositivos de proteção montados, que são comuns e necessários para a zona de trabalho seguinte, podem permanecer montados.

Nas instalações eléctricas com supervisão as medidas técnicas para a realização de uma nova área de trabalho são tomadas pelo pessoal do serviço operativo, que fará também a admissão ao trabalho, assinando na respectiva coluna da licença de trabalho juntamente com o chefe de obra.

Cumprimento das formalidades em caso de interrupção e da obra

A interrupção dos trabalhos é da competência do chefe de obra, do responsável pela admissão ou do responsável pelo controlo, consoante o caso.

Consoante a natureza da interrupção, esta pode ser:
a) para refeição e descanso;
b) em consequência da impossibilidade de continuar o trabalho;
c) ordenadas em consequência do incumprimento das normas de segurança do trabalho;
d) para utilização do grupo de trabalho na execução de trabalhos urgentes (reparação na sequência de incidentes, etc.);
e) para efetuar ensaios ou testes à instalação;
f) no final do programa de trabalho diário, no caso de trabalho com duração superior a um dia.

Após a evacuação do local de trabalho, por qualquer motivo, é proibido a cada membro da equipa de trabalho regressar, durante ou no final do período de interrupção do trabalho, sem ser acompanhado pelo chefe de trabalho ou antes de este confirmar (ordenar) o reinício do trabalho.

A interrupção para a refeição e o repouso é feita com o cuidado e a responsabilidade do chefe de trabalho.

Em caso de interrupção, os meios de proteção e os dispositivos existentes na zona de trabalho não devem ser desmontados, devendo os membros da equipa de trabalho garantir a segurança da zona, de modo a não permitir a entrada de outras pessoas.

A interrupção por impossibilidade de continuar o trabalho é feita por cuidado e responsabilidade do chefe de obra, por sua iniciativa, ou de um elemento da equipa de trabalho, por ele designado, aquando da ocorrência de qualquer fenómeno ou situação que possa originar prejuízo para os elementos da equipa de trabalho, nomeadamente:
a) o aparecimento da tempestade;
b) a ocorrência de descargas eléctricas na zona;
c) a constatação de uma situação na instalação, não prevista na licença de trabalho;
d) a ocorrência de uma situação tecnológica que represente um risco de acidente ou para a qual não existam condições de trabalho, de acordo com as disposições das regras específicas;
e) incumprimento da disciplina ou das normas de segurança do trabalho por parte dos membros da equipa de trabalho.

A interrupção por um dos motivos acima referidos não exige a remoção dos meios de proteção e dos dispositivos existentes na zona de trabalho.

Durante a interrupção dos trabalhos, nas instalações exteriores desimpedidas nas situações acima referidas, devem ser tomadas medidas de segurança que não permitam o acesso de pessoas desprevenidas à zona de trabalho.

No regresso da formação à zona de trabalho, após o desaparecimento ou eliminação da causa que levou à interrupção dos trabalhos, o chefe de obra deve verificar a existência de todos os meios de proteção instalados na zona de trabalho e só depois disso é que permite o acesso dos formandos à zona de trabalho.

A interrupção do trabalho e o seu reinício são registados separadamente na autorização de trabalho, na parte reservada para o efeito, anotando-se a data e a hora da interrupção, respetivamente do reinício do trabalho, assinando o chefe de obra na coluna respectiva.

O pessoal de controlo, a admissão ou o pessoal do serviço operativo da respectiva instalação tem competência para ordenar ao chefe de obra que interrompa o trabalho, caso se verifique que não são cumpridas as disposições da autorização de trabalho (exceder a área de trabalho, não tomar as medidas técnicas necessárias para a área de trabalho, etc.) ou outras disposições das regras de SST (não utilização de meios de proteção individual, equipamento técnico adequado, etc.).

Depois de eliminadas as causas que levaram à necessidade de interromper o trabalho, a sua continuação é autorizada com a aprovação e sob a responsabilidade do chefe de obra.

No caso de o chefe de obra não cumprir as disposições recebidas, seja qual for o motivo, o pessoal de controlo, a admissão ou o pessoal do serviço operativo da respectiva instalação devem evacuar a formação de trabalho, retirar a autorização de trabalho e notificar a entidade emitente para que esta tome as medidas necessárias à continuação dos trabalhos.

A interrupção dos trabalhos ordenada nos termos acima referidos será registada na autorização de trabalho, com indicação da data e da hora da interrupção, devendo o chefe de obra assinar na coluna reservada para o efeito. O reinício dos trabalhos deve ser igualmente registado na autorização de trabalho, com indicação da data e hora, devendo o chefe de obra assinar na coluna correspondente.

A necessidade de utilizar a equipa de trabalho para a execução de trabalhos urgentes, exige a interrupção temporária dos trabalhos, à disposição da admissão ou de um chefe hierárquico da admissão.

Nesta situação, a equipa de trabalho evacua a zona de trabalho e os meios de proteção e os dispositivos existentes nessa zona podem permanecer montados.

Durante a interrupção dos trabalhos, as instalações exteriores desimpedidas, o chefe da obra deve tomar medidas de segurança, a fim de não permitir o acesso de pessoas despreocupadas à zona de trabalho.

Aquando do regresso da formação à zona de trabalho após a interrupção do trabalho noutras situações que não as acima referidas, o chefe de obra deve verificar a existência de todos os meios de proteção previstos na autorização de trabalho e só depois disso autorizará o acesso dos elementos da formação à zona de trabalho.

A interrupção e o recomeço dos trabalhos devem ser registados na autorização de trabalho.

O pessoal operativo de serviço, como admissão, deve solicitar ao chefe de obra a interrupção dos trabalhos, na instalação em que se está a trabalhar, quando forem necessários ensaios, testes ou regresso ao regime normal.

Nas instalações sem pessoal de supervisão, o pedido de interrupção dos trabalhos pode ser apresentado por uma pessoa com direito de admissão ou de emissão ou por um coordenador mandatado pelo chefe da unidade (subunidade).

A pessoa habilitada a admitir, o emissor ou o coordenador deve ordenar a todos os chefes de trabalho que evacuem o pessoal e, se a situação o exigir, que desmontem os meios de proteção nas zonas de trabalho.

Os chefes de obra são obrigados a cumprir as disposições do admnistrador, do emissor ou do co-ordenador, no que diz respeito à interrupção dos trabalhos e à desmontagem dos meios de proteção nas zonas de trabalho, se a situação o exigir, e a retirar os membros da equipa dessas zonas, confirmando-o através do preenchimento das autorizações de trabalho na parte "interrupção e recomeço dos trabalhos".

Durante os testes que são feitos por outra equipa, com licença de trabalho própria, o chefe da obra, cujo trabalho foi interrompido, deve supervisionar especialmente os membros da sua própria equipa, de modo a não entrarem na respectiva área, enquanto durar a interrupção do trabalho.

O recomeço do trabalho só é permitido depois de receber a aprovação a este respeito da admissão, do emissor ou do coordenador e depois de preencher a autorização de trabalho na parte reservada para o efeito.

Nas instalações eléctricas com supervisão, o chefe de obra deve tomar medidas de segurança contra acidentes de natureza não eléctrica.

O chefe de obra é obrigado a tomar todas as medidas técnicas necessárias no local de trabalho aquando do recomeço do trabalho, confirmando-o através da assinatura na autorização de trabalho.

Nas instalações eléctricas com supervisão, a desmontagem e a recolocação dos meios de proteção na zona de trabalho, em consequência da interrupção dos trabalhos, devem ser efectuadas pelo pessoal do serviço de exploração.

Admite-se que, nas instalações eléctricas sem supervisão, o chefe de obra efectue trabalhos de desativação ou ensaios de alta tensão, com base na autorização de trabalho na parte "interrupção e reinício dos trabalhos".

O Emissor deve registar na autorização de trabalho ("medidas adicionais") os trabalhos a serem interrompidos durante os testes e os nomes dos chefes de trabalho.

O chefe dos trabalhos de ensaio e de deteção de anomalias deve pedir aos chefes das obras da instalação a ensaiar que interrompam os trabalhos e retirem os meios de proteção das zonas de trabalho, se a situação o exigir.

Os chefes de obra das unidades de trabalho que se retiram devem registar a interrupção dos trabalhos nas autorizações de trabalho que lhes são atribuídas, devendo o chefe da obra de ensaio e de defectoscopia conservar essas autorizações de trabalho junto de si.

O ensaio só deve ser efectuado depois de ter sido interrompida a laboração de todas as unidades de trabalho que operam na instalação ensaiada.

Após a conclusão dos ensaios, a desmontagem das instalações utilizadas para os ensaios e a descarga da carga capacitiva, o chefe da obra de ensaios e de defectoscopia autorizará o recomeço dos trabalhos pelas equipas de trabalho cujos trabalhos tenham sido interrompidos, devolvendo-lhes as autorizações de trabalho anteriormente retidas.

Os chefes de obra devem voltar a verificar todas as medidas técnicas necessárias nos seus próprios locais de trabalho, confirmando-o através da assinatura na autorização de trabalho, na parte reservada para o efeito, aquando do reinício dos trabalhos.

A interrupção dos trabalhos no final do horário de trabalho diário, no caso de trabalhos sem tensão ou sem corte de tensão, mas sem repouso diário sob tensão, deve ser feita sob a guarda e responsabilidade do chefe de obra, sem anúncio da entrada, sem desmontagem dos meios de proteção e dos dispositivos existentes na zona de trabalho.

Estão isentos os trabalhos em instalações eléctricas com fiscalização, quando a licença de trabalho for entregue ao responsável pela admissão, que a conserva durante a interrupção dos trabalhos

Quando a equipa regressa à zona de trabalho, o chefe de obra deve verificar a existência de todos os meios de proteção previstos na autorização de trabalho e só depois autoriza o acesso dos membros da formação à zona de trabalho.

A interrupção e o recomeço registados na autorização de trabalho.

A interrupção do trabalho no final do horário de trabalho diário, bem como o recomeço do trabalho num dos dias seguintes, no caso de trabalhos com alívio de tensão mas com alívio de tensão diário, deve ser feita pelo chefe de trabalho com a comunicação e aprovação das admissões.

O chefe de obra ou o pessoal do serviço operativo deve desmontar os meios de proteção e os dispositivos existentes na zona de trabalho no final do horário de trabalho diário.

O chefe de obra deve verificar as condições técnicas necessárias para colocar a instalação sob tensão e evacuar os elementos da formação, registando na autorização de trabalho a data e a hora da interrupção dos trabalhos e assinando na parte reservada para o efeito.

O chefe de obra deve comunicar à admissão a interrupção dos trabalhos, a desmontagem dos meios de proteção e dos dispositivos na zona de trabalho, montados à sua guarda, incluindo a evacuação dos membros da equipa de trabalho, especificando que a instalação pode ser colocada sob tensão.

O chefe de obra deve notificar a admissão (diretamente ou por telefone ou rádio) da sua intenção de retomar a obra.

Depois de tomar as medidas técnicas para conseguir a separação eléctrica e a área de trabalho nas instalações eléctricas com supervisão, a admissão deve apresentar diretamente a aprovação para reiniciar o trabalho.

O chefe de obra deve executar as medidas técnicas necessárias na zona de trabalho (no caso de instalações eléctricas com supervisão, as medidas técnicas devem ser executadas pelo pessoal do serviço operativo) e ordenará aos elementos da formação que retomem os trabalhos, registando na autorização de trabalho a data e a hora do reinício dos trabalhos, assinada na parte reservada para o efeito.

Se o chefe da obra for admitido, o reinício da obra será feito sob a sua responsabilidade, após ter tomado todas as medidas técnicas de SST para a realização da zona de trabalho e após ter registado o reinício da obra na autorização de trabalho.

Quando a autorização para retomar o trabalho é feita por transmissão indireta, o chefe da obra pede e regista no capítulo E do formulário de autorização de trabalho, na coluna relativa à assinatura de admissão, o número da mensagem relativa às medidas técnicas que não executou pessoalmente.

A não interrupção do trabalho por mais de três dias consecutivos implica a perda de validade da autorização de trabalho. O reinício da atividade após mais de três dias deve basear-se numa nova autorização de trabalho.

Cumprimento das formalidades no final da obra

Após a conclusão dos trabalhos, o chefe de obra deve assegurar sucessivamente a recolha de todos os materiais e ferramentas, a execução da limpeza e a desmontagem dos meios de proteção montados, bem como a sua formação na zona de trabalho e a evacuação de todos os membros da equipa da instalação.

O chefe de obra deve entregar a instalação à admissão, realizando com ele as amostras funcionais do aparelho revisto, que podem ser efectuadas antes da colocação em tensão. Em seguida, preenche na autorização de trabalho a parte que lhe diz respeito no capítulo F "conclusão dos trabalhos e entrega-receção da instalação", incluindo a obtenção das assinaturas dos membros da equipa de trabalho.

Se a equipa de trabalho for de outra especialidade e realizar trabalhos em instalações eléctricas, sob a supervisão de uma pessoa da unidade operacional, o anúncio da conclusão do trabalho será feito pelo chefe dessa formação, o supervisor.

A comunicação da cessação do trabalho pelo chefe de admissão (supervisor) é feita direta ou indiretamente, por mensagem radiofónica ou telefónica, registada nos registos operacionais ou no livro de mensagens.

Se esta comunicação for feita diretamente, a admissão conservará a autorização de trabalho e, em caso de comunicação indireta, o chefe de obra entregará então a autorização de trabalho à admissão.

A partir do momento da comunicação da conclusão dos trabalhos pelo chefe da obra à entrada, é proibido o acesso dos membros da equipa de trabalho à instalação (parte da instalação) em que trabalharam, podendo esta ser colocada sob tensão.

Depois de receber a comunicação de encerramento de todos os chefes de trabalho admitidos ao serviço (ou admitidos ao serviço pelo pessoal do serviço operativo), a admissão deve notificar o pessoal do comando operativo, é a primeira vez que tenho a oportunidade de o conhecer.

Em casos especiais, é permitido que a instalação ou parte da instalação seja colocada sob tensão antes da conclusão normal dos trabalhos.

Nestas situações, o responsável pelo controlo operacional ou pela coordenação dirige-se à entrada, sendo a única pessoa habilitada a confirmar a possibilidade de colocar a instalação ou parte da instalação sob tensão.

Os chefes de obra devem, à disposição da admissão, encerrar os trabalhos o mais rapidamente possível, desmontar os meios de proteção na zona de trabalho (montados à sua guarda), evacuar os membros da sua própria equipa de trabalho da instalação e comunicar a conclusão dos trabalhos, permitindo que a instalação ou parte da instalação seja colocada sob tensão.

Para as situações em que os chefes de obra, ou seja, os membros das equipas de trabalho, não foram encontrados nas zonas de trabalho, a admissão deve garantir que a instalação, do ponto de vista técnico, pode ser colocada sob tensão (não há peças em falta, não há curto-circuitos montados, etc., que possam provocar acidentes humanos ou técnicos).

Nesta situação, a entrada deve ser assegurada por pessoal de segurança, que impedirá a formação de entrar na zona de trabalho. O pessoal de segurança não está autorizado a abandonar os locais fixados até que os chefes de obra, tomando conhecimento da situação, registem nas autorizações de trabalho a conclusão dos trabalhos.

1.6. EXECUÇÃO DE OBRAS SEM AUTORIZAÇÃO DE TRABALHO

Nas instalações eléctricas em funcionamento, os trabalhos podem ser realizados sem autorização de trabalho, com base em:
a) Instruções Técnicas Internas para a SST (ITI - SST);
b) Funções de trabalho (WD);
c) Disposições Verbais (Dispozições) (VP);
d) Protocolo (P);
e) Obrigação de serviço (SO);
f) Responsabilidade própria (OR).

A execução de trabalhos de exploração de instalações eléctricas sem autorização de trabalho é feita com base numa disposição do emitente.

Para a realização de trabalhos sem autorização de trabalho, devem ser respeitadas medidas técnicas de segurança específicas.

Na execução de trabalhos sem autorização de trabalho, é permitida a acumulação de funções.

1.7. EXECUÇÃO DE TRABALHOS COM BASE NAS INSTRUÇÕES TÉCNICAS INTERNAS EM MATÉRIA DE SAÚDE E SEGURANÇA NO TRABALHO

A execução de trabalhos nas instalações eléctricas em funcionamento com base no ITI - SST é permitida a pessoal autorizado.

O ITI - SST deve ser aprovado pelo chefe da unidade.

As unidades (subunidades) elaboram listas de obras, que devem ser aprovadas pelos seus directores.

Estas listas podem ser completadas por outras obras igualmente aprovadas pelo chefe da unidade operacional (subunidade).

A lista do pessoal habilitado a executar trabalhos no âmbito do ITI - SST, aprovada pelo chefe da unidade (subunidade), tendo para cada trabalhador os respectivos números de ITI - SST da lista dos seus nomes, deve estar na sede da equipa de trabalho que executa trabalhos na sua base e nas instalações do pessoal que admite trabalhar.

O ITI - OHS estará na cabeça do trabalho durante a execução do trabalho.

Para a execução de obras com base no ITI - SST, deve ser realizada a medida organizativa do arranjo da obra, através do registo das obras pelo emitente, em livro próprio para o efeito, localizado na sede do grupo de trabalho (ou da subunidade a que pertence), anotando-se:

a) a instalação em que os trabalhos devem ser efectuados;
b) o número ITI - OHS com base no qual o trabalho deve ser executado;
c) o nome do emitente, a admissão, o chefe de trabalho e os membros da equipa de trabalho;
d) a data de execução da obra;
e) assinaturas do emitente e do chefe de obra.

Para as equipas territorialmente dispersas, a autorização para a execução de trabalhos com base na ITI - SST pode ser dada por telefone, com a gravação e posterior confirmação por assinatura no registo correspondente.

Para realizar trabalhos com base na ITI - SST em instalações eléctricas de centrais eléctricas e subestações de energia com supervisão, o pessoal de serviço operacional deve registar nos seus registos operacionais o seguinte:

a) o nome da instalação e o equipamento (elemento) em que se está a trabalhar;
b) o número ITI - OHS com base no qual o trabalho é efectuado;
c) o nome do chefe de obra e dos membros da equipa de trabalho;
d) as manobras efectuadas;
e) a data e a hora de início dos trabalhos;
f) a data e a hora de conclusão dos trabalhos.

Ao realizar um trabalho nas instalações eléctricas com base no ITI - SST que exija manobras (mudanças de esquema, interrupções de tensão) ou afecte circuitos secundários, o chefe de obra solicitará ao pessoal operativo que as execute.

A aprovação do pessoal operacional é dada para efetuar as manobras e a fase de condução operacional é dada para modificar os circuitos secundários.

A equipa de trabalho deve ter, de acordo com a disposição do ITI - SST, um número mínimo de executantes com grupos de autorização necessários para realizar as manobras e o trabalho.

A equipa pode ser completada com outro pessoal especializado, tendo o diretor da obra a obrigação de formar o pessoal correspondente ao trabalho específico a executar.

As medidas relativas à auto-admissão ao trabalho, à supervisão durante o trabalho, à interrupção do trabalho, à mudança para outra área de trabalho, são tomadas pelo chefe de trabalho, sem serem registadas.

Ao realizar o trabalho ao abrigo da ITI - SST em instalações eléctricas sem supervisão, a auto-admissão é proibida, se outros grupos de trabalho trabalharem simultaneamente na instalação eléctrica separada.

1.8. EXECUÇÃO DAS OBRAS COM BASE NAS TAREFAS DE TRABALHO

O trabalho baseado nas funções de trabalho - WD é realizado apenas pelo pessoal de serviço operacional das instalações eléctricas.

Para os trabalhos realizados com base no DT, a medida organizacional de execução das formas de trabalho é realizada pela assinatura de tomada de posse do serviço, no registo operativo (todo o grupo de trabalho assinará).

As medidas organizacionais relativas à admissão ao trabalho, à supervisão durante o trabalho, à interrupção do trabalho, à deslocação para outra zona de trabalho, devem ser tomadas pelo chefe de trabalho, sem serem registadas.

As unidades (subunidades) elaboram listas de trabalhos derivados concretos, que devem ser aprovadas pelos seus gestores. Estas listas podem ser completadas com outras obras.

A lista das obras a efetuar com base no DT deve estar na sede do pessoal do serviço operacional e ser do seu conhecimento.

1.9. EXECUÇÃO DE OBRAS COM BASE NAS DISPOSIÇÕES VERBAIS

A lista de obras e as categorias de obras que podem ser executadas com base em disposições verbais (dispozições) - VP deve ser aprovada pelo chefe da unidade e deve estar na sede da subunidade e no pessoal do serviço operativo.

Os emissores da VP devem estar convencidos de que foram plena e corretamente compreendidos pelo(s) destinatário(s).

1.10. EXECUÇÃO DOS TRABALHOS COM BASE NO PROTOCOLO

A execução dos trabalhos com base no protocolo - P é permitida nas instalações eléctricas desligadas da tensão, sempre que a instalação ou parte da instalação em que o trabalho é realizado esteja visivelmente separada pela separação de cabos ou condutores das linhas eléctricas aéreas, removendo partes de barramentos ou desvinculando os condutores do equipamento e ligados à terra e em curto-circuito.

A autorização para iniciar os trabalhos e a comunicação relativa à conclusão dos mesmos devem ser feitas por transmissão direta.

Nas instalações eléctricas com supervisão, o reinício diário dos trabalhos deve ser aprovado pelo pessoal do serviço de exploração e inscrito no registo de exploração.

1.11. EXECUÇÃO DE OBRAS COM BASE EM OBRIGAÇÕES DE SERVIÇO

As pessoas colectivas ou singulares que tenham organizado a exploração de instalações eléctricas para utilização com electricistas assalariados, mas que não tenham emitentes, devem elaborar e aprovar a lista de trabalhos concretos que estes electricistas realizam na instalação de baixa tensão, com base na ficha de organização "obrigação de serviço" SO.

Nos trabalhos realizados no âmbito da SO, como medida organizacional de SST, o pessoal executante deve cumprir:
   a) as medidas técnicas incluídas no caso da execução dos trabalhos com a libertação de tensão da instalação;
   b) medidas específicas de proteção individual, incluídas na execução dos trabalhos sem retirar a instalação da tensão, respetivamente na execução dos trabalhos sob tensão em contacto.

O trabalho baseado na SO pode ser executado por uma pessoa que tenha, pelo menos, o grupo IV de autorização de SST.

Os electricistas empregados, que exploram as instalações de utilização de pessoas colectivas e/ou singulares, só podem executar trabalhos nas seguintes condições
   a) estabelece a existência da obra na lista de SO aprovada pelos responsáveis da unidade;
   b) estejam equipados, do ponto de vista da SST, com os equipamentos e meios correspondentes aos riscos do trabalho a efetuar;
   c) possuir e conhecer o conteúdo da ficha tecnológica ou da instrução técnica de trabalho.

Nos trabalhos que são realizados em instalações de baixa tensão com base nas obrigações de serviço SO pode participar um ou mais electricistas (uma equipa).

Em caso de execução de uma obra por uma formação, deve ser estabelecido um chefe de obra no seu seio.

Pode ser nomeado por decisão escrita do diretor da pessoa singular ou colectiva ou acordado pelos membros da formação.

O chefe de obra é responsável por:

a) acidentes que ocorram em consequência da qualidade da proteção do trabalho efectuado;

b) as consequências para ele e/ou para as outras pessoas com quem ou para quem executa o trabalho, resultantes da não aplicação, por ele ou por qualquer dessas pessoas, das medidas técnicas de proteção individual específicas das manobras ou trabalhos a executar;

c) as disposições que dá aos membros da equipa, respetivamente a sua clareza e a convicção de que o(s) executor(es) a quem foi dirigida compreendeu(aram) correcta e completamente o seu conteúdo.

1.12. EXECUÇÃO DE OBRAS COM BASE NA RESPONSABILIDADE PRÓPRIA

As pessoas colectivas ou singulares que não tenham organizado a atividade de exploração com electricistas empregados como trabalhadores por conta de outrem devem recorrer a prestadores de serviços de electricistas autorizados para os trabalhos ou manobras que realizem com base na forma organizativa "Responsabilidade Própria" OU.

A prestação de serviços, de acordo com o disposto nas normas, nas instalações eléctricas para utilização na gestão de pessoas colectivas ou singulares, só pode ser solicitada por electricistas-prestadores de serviços autorizados, respetivamente, devendo ser executada apenas por estes, com as seguintes responsabilidades:

a) cumprimento das disposições das regras específicas de SST;

b) consequências imediatas e posteriores decorrentes da qualidade do serviço prestado.

O trabalho ao abrigo do seu RUP é realizado apenas por electricistas profissionais e qualificados em matéria de SST - prestadores de serviços - e apenas em instalações eléctricas de baixa tensão.

Nos trabalhos realizados com base nas RUP, como medida organizacional de SST, o pessoal executante deve cumprir:

a) as medidas técnicas incluídas no caso da execução dos trabalhos

com a libertação de tensão da instalação;
b) medidas específicas de proteção individual, incluídas na execução dos trabalhos sem retirar a instalação da tensão, respetivamente na execução dos trabalhos sob tensão em contacto.

O trabalho baseado no BO pode ser executado por uma pessoa que tenha, pelo menos, o grupo IV de autorização do ponto de vista da SST.

Antes de efetuar os trabalhos com base no RUP, o eletricista deve conhecer a instalação eléctrica em que vai trabalhar (conhecimento do esquema de instalação, da localização e do modo de funcionamento dos dispositivos de interrupção da tensão e da sua separação visível, das condições e das medidas tecnológicas impostas às instalações eléctricas).

Só depois de identificar a instalação em que vai trabalhar é que o eletricista pode intervir para efetuar manobras ou trabalhos.

Se os trabalhos no âmbito do RUP forem realizados por duas ou mais pessoas, o eletricista que contratou os trabalhos (por contrato escrito ou acordo verbal) assume as responsabilidades do chefe de obra.

O chefe de obra deve ter, pelo menos, o grupo IV de autorização do ponto de vista da SST.

O chefe de obra é responsável pelos acidentes que ocorram em consequência da qualidade da proteção do trabalho efectuado.

O chefe de obra é plenamente responsável pelas consequências para si próprio e para as outras pessoas com quem ou para quem executa o trabalho, resultantes da não aplicação, por si ou por qualquer dessas pessoas, das medidas de proteção técnica e individual específicas das manobras ou trabalhos executados.

O chefe de obra deve instruir as pessoas com quem efectua o trabalho sobre as medidas de SST específicas do trabalho e que devem ser observadas.

O chefe de obra deve dar indicações claras, inequívocas e sem criar confusão, que convençam o(s) executor(es) a quem se dirigiu de que compreendeu(aram) correcta e completamente o conteúdo das disposições.

MEDIDAS TÉCNICAS

2.1. INSTALAÇÕES FORA DE TENSÃO

As medidas técnicas para a realização de um trabalho em instalações eléctricas são:

a) **separação eléctrica da instalação, nomeadamente:**
   - Interrupção da tensão e separação visível da instalação ou da parte da instalação, consoante o caso, em que os trabalhos devem ser efectuados e anulação do automatismo que conduz à ligação dos interruptores;
   - bloqueio na posição aberta dos accionadores dos dispositivos de comutação através dos quais foi feita a separação visível e aplicação de sinais de segurança com carácter de proibição nestes dispositivos;

b) **identificação da instalação ou das partes da instalação em que os trabalhos devem ser efectuados;**

c) **verificar a ausência de tensão e a ligação imediata da instalação ou de parte da instalação à terra e em curto-circuito;**

d) **delimitação material da zona de trabalho;**

e) **seguro contra acidentes de natureza não eléctrica.**

As manobras necessárias à execução das medidas técnicas devem ser efectuadas por uma ou duas pessoas.

A separação eléctrica da instalação deve ser seguida do fecho dos nós de ligação à terra (se existirem), relacionados com a instalação ou parte da instalação primária a intervir.

Os planos de manobra aprovados para retirar de serviço uma instalação ou partes da mesma devem incluir operações de ligação à terra através do fecho das facas de ligação à terra (se existirem).

Para a execução dos trabalhos, a tensão deve ser suprimida, se for caso disso:

a) as instalações ou partes da instalação em que os trabalhos devem ser efectuados;

b) instalações vizinhas ou partes de instalações vizinhas desimpedidas que se encontrem a uma distância inferior à distância de proximidade da qual se podem aproximar sem perigo durante a execução dos seus trabalhos, das suas máquinas, materiais ou ferramentas;

c) instalações ou partes da instalação situadas a distâncias superiores às distâncias de proximidade, mas às quais a natureza dos trabalhos exige que sejam afastadas da tensão (cruzamentos, paralelismos, etc.).

Tabela 2.1. Distâncias de proximidade (vizinhança)

TENSÃO NOMINAL DA INSTALAÇÃO		1 - 20 kV	27 - 60 kV	110 kV	220 kV	400 kV	750 kV
Distância mínima de proximidade [m] em manobras, efectuadas em espaços interiores ou instalações exteriores		0,8	1	1,5	2,4	3,7	6,25
Distância mínima de proximidade [m] na execução de trabalhos em instalações eléctricas	do chão — Subestações interiores ou exteriores	0,8	1	1,5	2,4	3,7	6,25
	do chão — Noutras instalações exteriores	2	2,5	3	4	5	8
	Subindo os pilares da OHL (linhas eléctricas aéreas)	1,5	2	2,5	3	5	8

No caso das instalações de baixa tensão (incluindo as linhas eléctricas aéreas), a distância de proximidade (vizinhança) não é normalizada, mas é proibido tocar diretamente nas partes sob tensão das mesmas.

No caso de instalações ou partes de instalações com isolamento elétrico sólido, líquido ou gasoso, cobertas com telas (revestimentos metálicos), ligadas à terra (cabos, barramentos selados, equipamento de hexafluoreto, etc.) ou com placas electroisolantes de separação especiais para este fim, a distância de proximidade não deve ser normalizada, as telas ligadas à terra ou as placas de isolamento elétrico podem ser tocadas diretamente durante o trabalho.

A zona de trabalho deve ser realizada após a separação eléctrica, através da execução sucessiva das seguintes medidas técnicas:

a) identificação da instalação ou da parte da instalação em que o trabalho deve ser efectuado;
b) verificação da ausência de tensão, seguida da ligação imediata da parte da instalação à terra e em curto-circuito;
c) delimitação material da zona de trabalho;
d) seguro contra acidentes não eléctricos.

Separação eléctrica. Interrupção de tensão e separação visível da instalação ou de parte da instalação eléctrica

A interrupção da tensão deve ser efectuada após a anulação do automatismo que leva à religação dos interruptores, através da manipulação dos aparelhos de manobra (interruptores, separadores, fusíveis) que separam a instalação ou a parte da instalação em que os trabalhos vão ser realizados, estando as restantes instalações sob tensão.

Depois de a tensão ter sido desligada, se o funcionamento dos interruptores com os quais foi efectuada não tiver sido efectuado e a separação visível deve ser efectuada em relação a todas as partes a partir das quais possa ocorrer tensão na instalação ou parte da instalação que vai ser trabalhada.

A separação visível deve ser obtida abrindo os separadores, retirando os patronos dos fusíveis, desligando os disjuntores, desatando os cabos das linhas eléctricas aéreas ou retirando as partes activas da instalação eléctrica (barramentos, condutores), desatando os cabos do equipamento.

Excecionalmente, admite-se que, no caso das instalações de baixa tensão, em que a parte da instalação em que se pretende efetuar o trabalho esteja equipada apenas com um disjuntor não descodificável como elemento de comutação ou um interrutor com contactos cuja abertura não seja visível, a separação visível só seja conseguida desligando o disjuntor e verificando a ausência de tensão no local mais próximo da tomada.

Considera-se que a separação visível, no caso de aparelhos em construções seladas (SF_6, vácuo, etc.), é alcançada com base nas indicações dos elementos mecânicos, próprios do aparelho, para assinalar esta posição.

Para evitar a inversão de tensão (da baixa tensão para a alta tensão) dos transformadores de medida, estes devem ser separados eletricamente e do lado da baixa tensão, conforme o caso, desligando os interruptores, retirando os patronos dos fusíveis ou desligando os interruptores não desbloqueáveis.

Na instalação eléctrica separada a partir da qual alimenta motores eléctricos, que accionam bombas, ventiladores, compressores

ou à qual estão ligados geradores ou compensadores equipados com motores de lançamento, que não podem ser visivelmente separados, devem ser tomadas as seguintes medidas adicionais
- bloqueio dos dispositivos primários de arranque do motor, para evitar a geração de tensão pelo gerador ou compensador, mesmo a baixas velocidades;
- bloquear as vias de entrada de fluido em bombas, ventiladores ou compressores para evitar o funcionamento dos motores que os accionam em modo gerador.

Separação eléctrica. Bloqueio na posição aberta dos actuadores dos dispositivos através dos quais foi conseguida a separação visível da instalação ou de parte da instalação e colocação de sinais de segurança com carácter de proibição

O bloqueio na posição aberta dos actuadores dos dispositivos que permitem a separação visível da instalação ou da parte da instalação em que o trabalho deve ser efectuado deve ser realizado por:
- bloqueio direto, se necessário, utilizando um dos seguintes procedimentos:
  - Bloqueio dos dispositivos de acionamento manual dos separadores com cadeados ou meios especialmente concebidos para o efeito;
  - Bloqueio na posição "removido" dos carrinhos de comutação, no caso de células com disjuntores desbloqueáveis, sem separadores. Este bloqueio consiste em fechar a porta da célula depois de retirar o carrinho. Se a cela não estiver equipada com uma porta, tendo o próprio carrinho fechado a cela quando o disjuntor foi desbloqueado, deve ser montado um ecrã móvel (ou uma fita de cor viva) e um indicador de segurança na parte da frente da cela após a remoção do carrinho;
  - a instalação de tampas electroisolantes, de cor vermelha, no lugar dos patronos dos fusíveis de baixa tensão;
  - a instalação de placas ou bainhas electro-isolantes mecanicamente resistentes entre ou sobre os contactos abertos dos separadores ou interruptores, quando estes são acessíveis e permanecem sob tensão.
- bloqueio indireto, conforme adequado, utilizando um dos seguintes procedimentos:
  - retirar os patronos dos fusíveis ou desligar o disjuntor do circuito de alimentação do motor que acciona o atuador do separador, respetivamente, a baixa tensão, do disjuntor;

- fechar a válvula de alimentação de ar comprimido dos accionadores pneumáticos dos separadores e interruptores e a descarga de pressão do circuito após a torneira;
- desacoplamento dos condutores das bobinas de acionamento, por controlo remoto dos dispositivos de acionamento dos separadores, respetivamente a baixa tensão dos interruptores;
- outros procedimentos.

Nos accionadores bloqueados dos separadores e nos pontos onde foi efectuado o bloqueio do aparelho através do qual foi feita a separação eléctrica, devem ser colocados sinais de segurança com a inscrição "NÃO FECHAR! EM FUNCIONAMENTO! (Ou seja, "NÃO ABRIR. WORKING", no caso das válvulas de ar comprimido através das quais são alimentados os accionadores pneumáticos).

Os separadores de linhas eléctricas suspensos que se encontrem afastados da zona de trabalho e que, no esquema de funcionamento normal, tenham a posição "aberta" podem ser considerados bloqueados nessa posição. O chefe de obra pode solicitar a visualização desta posição, bem como a admissão e a instalação de indicadores de segurança.

Identificação da instalação ou parte da instalação a intervir

A identificação da instalação e/ou parte da instalação deve ser efectuada por:
   a) admitido juntamente com o chefe da obra, se a zona de trabalho for efectuada pelo pessoal do serviço operativo;
   b) o chefe de obra, se a zona de trabalho for efectuada por ele.

O objetivo da identificação é garantir que as medidas técnicas a tomar para atingir a zona de trabalho se aplicam à instalação em que se vai trabalhar e na qual se vê, ou se confirma por mensagem, que a instalação foi desligada ou apenas separada eletricamente.

A identificação deve ser obrigatória no local, com base nos seguintes elementos, conforme adequado:
   a) o esquema elétrico da subestação/estação de energia, da unidade de transformação, etc;
   b) esquema do trajeto elétrico da linha de alimentação (aérea ou por cabo);
   c) fluxograma elétrico (circuitos);
   d) as especificações de marcação e rotulagem;
   e) inscrições, numeração, nomes;
   f) planos, mapas, desenhos e confronto com a disposição das instalações no terreno;

g) aparelhos ou instalações de deteção;
h) dispositivos de medição;
i) outros elementos.

Durante a identificação, é proibido abrir ou retirar qualquer tipo de invólucro ou verificar por operação qualquer parte da instalação.

CLV - verificação da ausência de tensão imediatamente seguida de ligação à terra e de curto-circuito (esta é a principal medida de prevenção do pessoal contra o risco elétrico, a existência ou a ocorrência acidental de tensão na zona de trabalho)

A verificação da falta de tensão e da ligação à terra e do curto-circuito deve ser efectuada em todas as fases da instalação, respetivamente em todos os condutores da linha eléctrica aérea existente na cobertura, incluindo o nulo.

No caso dos disjuntores, o controlo da falta de tensão deve ser efectuado nos seis terminais acessíveis dos disjuntores.

A verificação da falta de tensão nas instalações de baixa tensão deve ser efectuada com a ajuda de medidores de tensão portáteis ou com a ajuda de detectores de tensão. Nas instalações de alta tensão, a verificação deve ser efectuada por meio de detectores de tensão correspondentes à tensão nominal dessas instalações.

A verificação da ausência de tensão com detectores de tensão não é permitida durante a precipitação atmosférica em instalações exteriores, a menos que os detectores e os respectivos postes electroisolantes de suporte sejam fabricados e certificados para utilização nestas condições.

No caso de equipamentos e elementos encapsulados ou protegidos, em que não possam ser utilizados detectores de tensão, a verificação da ausência de tensão deve ser efectuada de acordo com as instruções dos fabricantes dos equipamentos ou elementos em causa.

Verificando a falta de tensão, para fechar as facas de ligação à terra montadas nos postes das linhas eléctricas aéreas, é permitido substituí-las verificando visualmente a posição aberta do separador através do qual foi feita a separação eléctrica.

Antes de cada utilização do detetor de tensão e imediatamente após a mesma, o seu bom funcionamento deve ser verificado pelo método indicado pelo fabricante no livro técnico.

Em todas as instalações, a proximidade do detetor de tensão é feita lentamente, e o toque direto só será feito depois de se constatar a ausência de aviso luminoso e sonoro do detetor.

O controlo da falta de tensão deve ser efectuado tendo em conta que a instalação está sob tensão.

A pessoa que verifica a ausência de tensão nas instalações de alta tensão deve possuir, pelo menos, uma autorização do grupo III;

Se for necessário verificar a falta de tensão para abrir as portas das celas ou retirar os resguardos, é proibido ultrapassar com qualquer parte do corpo o plano por eles delimitado.

Nas subestações de 750 kV, a verificação da falta de tensão é substituída pelas seguintes medidas, tomadas cumulativamente:

a) verificação das separações visíveis;
b) verificar as indicações de falta de tensão fornecidas pelos dispositivos de medição e controlo montados nos painéis correspondentes.

Nas linhas aéreas de 750 kV, a verificação da ausência de tensão é substituída pela constatação da ausência do sinal sonoro emitido pelas sirenes portáteis de tensão, sendo esta constatação efectuada pelo chefe de obra e por um membro do grupo de trabalho, de forma independente, confrontando as observações um do outro.

A ligação à terra e a ligação em curto-circuito são efectuadas em todas as fases da instalação ou de parte da instalação, bem como no condutor nulo das linhas eléctricas aéreas de baixa tensão, através da montagem de dispositivos móveis de curto-circuito e de ligação à terra (dispositivos de curto-circuito) ou do fecho das facas de ligação à terra.

A instalação de dispositivos de curto-circuito deve ser efectuada por dois electricistas.

As pinças dos dispositivos de curto-circuito devem ser aplicadas por um eletricista com aprovação mínima do grupo III.

A sequência das operações deve ser a seguinte:

a) montagem da ligação à terra dos dispositivos de curto-circuito;
b) verificar a falta de tensão;
c) colocar as pinças dos dispositivos de curto-circuito no nulo e em cada fase.

A escolha do ponto de ligação à terra deve ser efectuada com a seguinte prioridade

a) a ligação artificial à terra da instalação eléctrica ou do pilar;
b) a ligação à terra natural do pilar da rede eléctrica;
c) o elétrodo dos dispositivos de curto-circuito (spig).

A remoção dos dispositivos de curto-circuito é efectuada pela ordem inversa da montagem.

No caso das linhas eléctricas aéreas de baixa tensão, a verificação da falta de tensão, respetivamente a montagem dos grampos dos dispositivos de curto-circuito, será feita a partir do condutor nulo, exceto quando o condutor nulo estiver montado no topo da cobertura.

No caso de ligação à terra e de curto-circuito por facas de ligação à terra, o seu encerramento deve ser efectuado após verificação da ausência de tensão por um eletricista com aprovação mínima do grupo III.

A ligação à terra e a ligação em curto-circuito das instalações eléctricas de 110 - 750 kV devem ser efectuadas pela seguinte ordem
   a) a pinça monopolar dos dispositivos de curto-circuito está ligada à terra;
   b) a falta de tensão numa fase é verificada;
   c) a pinça dos dispositivos monopolares de curto-circuito é montada na respectiva fase;
   d) as operações acima referidas devem ser repetidas da mesma forma para as outras fases.

A instalação dos grampos dos dispositivos de curto-circuito nas fases de instalação deve ser efectuada utilizando os bastões electroisolantes (varas, cabos) especialmente concebidos para esta operação, em função do tipo de dispositivos de curto-circuito e da tensão da instalação.

A utilização dos bastões de electroisolamento deve ter em conta as instruções do estabelecimento de fabrico.

Nas instalações interiores de alta tensão até 27 kV inclusive, nos locais determinados por escrito pela direção da unidade (subunidade) operadora e assinalados de forma distinta nas instalações onde não é possível utilizar os bastões electroisolantes (devido à falta de espaço para o seu manuseamento ou à impossibilidade tecnológica de montar os grampos com o poste, como é o caso das caixas de terminais dos motores eléctricos), é excecionalmente permitido montar as pinças dos dispositivos de curto-circuito sem os bastões electroisolantes, mas apenas após a descarga da carga capacitiva, também efectuada com os bastões electroisolantes.

Nos terminais dos motores eléctricos, no caso de trabalhos na parte accionada por eles (parte mecânica), é permitido instalar os grampos dos dispositivos de curto-circuito sem bastões electroisolantes, mas apenas após a descarga da carga capacitiva, também realizada com os bastões electroisolantes.

Nas instalações de baixa tensão, com exceção das linhas eléctricas aéreas com condutores não isolados, é permitido montar os dispositivos de curto-circuito sem a utilização dos bastões electro-isolantes e a descarga da carga capacitiva.

É proibido cortar o nulo das linhas eléctricas aéreas de baixa tensão sob tensão, a menos que tenha sido previamente assegurada a continuidade por derivação direta ou ligação à terra dos dois lados próximos do corte.

Para atingir a área de trabalho, no caso de instalações com facas de ligação à terra, estas devem ser sempre utilizadas em vez de dispositivos de curto-circuito.

Se também for necessário um dispositivo móvel de curto-circuito para completar a área de trabalho, este é montado depois de as facas de ligação à terra estarem fechadas.

Ao fechar as facas de terra montadas num poste, a verificação da diferença de tensão pode ser substituída por uma inspeção visual, pelo pessoal de manobra, da integridade do circuito de terra do atuador e da posição aberta do separador.

Nas subestações de energia eléctrica e nos grupos de transformação, as pinças (chinelos) dos dispositivos de curto-circuito devem ser fixadas nos terminais, peças e locais especialmente designados (marcados) para o efeito (pontos de ligação fixos). É proibido amarrar o condutor dos dispositivos de curto-circuito por torção ou qualquer outro processo que não garanta um contacto adequado.

Nas subestações de energia de 110 - 750 kV, na instalação de ligação à terra, as partes metálicas dos camiões, plataformas de trabalho e máquinas na área de trabalho devem ser ligadas, levando-as ao mesmo potencial, evitando assim a ocorrência de tensão induzida perigosa.

No caso de instalações de alta tensão com fases separadas ou mais afastadas do que a distância de proximidade, é permitido ligar à terra apenas a fase em que se vai trabalhar.

O controlo da falta de tensão e da ligação imediata à terra e em curto-circuito deve ser efectuado respeitando cumulativamente as condições seguintes:

  a) o mais próximo possível da zona de trabalho, de ambos os lados, exceto no caso dos cabos eléctricos;
  b) para os cabos das linhas eléctricas aéreas que ligam à zona de trabalho, exceto para as ligações eléctricas de baixa tensão;
  c) pelo menos uma ligação à terra e uma ligação em curto-circuito sejam visíveis a partir da zona de trabalho (esta condição não se aplica a trabalhos em subestações de energia, unidades de transformação de parede, terminais finais e mangas ao longo do percurso do cabo elétrico, incluindo linhas eléctricas aéreas com condutores isolados).

Na zona de trabalho, a parte da instalação em que se trabalha deve estar permanentemente ligada à terra e em curto-circuito, com exceção das zonas de trabalho em instalações de baixa tensão em que as condições técnicas não permitam a montagem de dispositivos móveis de curto-circuito, das zonas de trabalho no percurso de cabos eléctricos e condutores isolados relacionados com linhas eléctricas aéreas.

Os electricistas que executam as medidas técnicas de energização das instalações (separação eléctrica, verificação da tensão e ligação imediata à terra e aos curto-circuitos) devem utilizar, consoante o caso, os seguintes equipamentos de proteção individual: *capacete de proteção da cabeça com viseira de proteção facial, luvas isolantes eléctricas, punho com manga de proteção para os braços para manuseamento de fusíveis de baixa tensão do tipo MPR, fato de tecido resistente ao calor, sapatos ou tapete electro-isolante.*

Delimitação material da zona de trabalho

A delimitação material da zona de trabalho deve garantir a prevenção de lesões para os membros do grupo de trabalho, mas também para as pessoas que possam entrar acidentalmente na zona de trabalho.

A delimitação do material é conseguida através de limites temporários móveis, que destacam claramente a área de trabalho.

Os invólucros móveis temporários devem ser fixados de forma segura, de modo a não caírem sobre as partes sob tensão da instalação.

Serão instalados sinais de segurança nos recintos móveis temporários.

Os invólucros móveis temporários devem ser montados a uma distância igual ou superior à proximidade das restantes partes sob tensão. Se estas distâncias não puderem ser respeitadas, as partes das instalações situadas a distâncias mais curtas serão cortadas.

Os invólucros temporários móveis de material isolante podem ser colocados a distâncias inferiores às mencionadas, mesmo em contacto direto com partes sob tensão, nas seguintes condições
   a) a tensão nominal da instalação não é superior a 27 kV;
   b) as partes da instalação estejam situadas no interior e, se estiverem situadas no exterior, a desmontagem e a utilização sejam efectuadas em tempo seco;
   c) a montagem e a desmontagem são efectuadas com um supervisor de trabalho.

Se não for possível instalar os invólucros isolantes eléctricos móveis previstos no número anterior, a unidade de comando deve determinar o modo de funcionamento, em condições de segurança.

Medidas técnicas de segurança no local de trabalho para evitar acidentes de natureza não eléctrica

Estas medidas destinam-se a evitar lesões não eléctricas aos membros da equipa de trabalho e a outras pessoas que possam entrar acidentalmente na zona de trabalho, aplicando-se de acordo com regras específicas, por tipo de trabalho e de instalação.

A fim de evitar acidentes de viação (se for caso disso), a zona de trabalho deve ser assinalada com sinais ou restrições especiais, respeitando as disposições das regras de trânsito.

2.2. INSTALAÇÕES SOB TENSÃO

A execução de obras sem o corte de energia das instalações eléctricas é permitida se:

a) a zona de trabalho está a uma distância superior à distância de proximidade designada e são adoptadas medidas técnicas em conformidade com as regras específicas;

b) a zona ou parte da zona de trabalho esteja abaixo da distância de proximidade das partes sob tensão das instalações eléctricas e sejam tomadas medidas técnicas em conformidade com as regras específicas;

c) a zona de trabalho situa-se em instalações eléctricas onde a tensão foi interrompida e foram feitas separações visíveis, mas que não estão ligadas à terra e em curto-circuito, sendo tomadas medidas técnicas de acordo com as regras específicas;

d) os trabalhos são organizados para serem executados diretamente na instalação eléctrica sob tensão e são tomadas medidas técnicas de acordo com as regras específicas.

O chefe da unidade operacional deve aprovar a lista de trabalhos que são executados sem energia, bem como a forma organizacional, sob a qual o pessoal é obrigado a realizá-los.

Para a execução de trabalhos a uma distância superior à de proximidade das partes sob tensão das instalações eléctricas, devem ser tomadas as seguintes medidas técnicas

a) identificação da instalação (área) a ser trabalhada;

b) delimitação material da zona de trabalho e instalação de sinais de segurança;

c) tomar medidas para evitar actividades não eléctricas;

d) marcação do limite de acesso à grade dos postes metálicos em caso de trabalhos de pintura ou de serralharia nos mesmos.

Durante a execução de trabalhos a uma distância superior à vizinha, em relação às partes sob tensão das instalações eléctricas, é proibido

a) desmantelamento ou superação de caixas permanentes;

b) subir para os transformadores aéreos, sobre o suporte do equipamento em tensão e sobre os seus invólucros permanentes.

Para a execução de trabalhos a uma distância de proximidade de partes sob tensão de instalações eléctricas, devem ser tomadas, pelo menos, as seguintes medidas técnicas
   a) identificação da instalação (local) em que o trabalho deve ser efectuado;
   b) verificação visual da integridade das vedações permanentes ou provisórias da futura zona de trabalho em relação às instalações em tensão;
   c) verificar a ausência de tensão, se for caso disso, nos elementos metálicos das instalações da futura zona de trabalho (postes metálicos, estrelas metálicas dos quadros de distribuição, portas das caixas de distribuição, ligações de fios, etc.), utilizando o detetor de baixa tensão;
   d) a delimitação material da zona de trabalho, consoante o caso, e a instalação de sinalização de segurança;
   e) tomar medidas para evitar acidentes de natureza não eléctrica;
   f) verificar a estabilidade e o grau de apodrecimento e/ou de degradação dos postes em que serão efectuados os trabalhos.

É proibido aproximar os membros da equipa de trabalho ou os objectos (materiais) por eles manipulados a distâncias inferiores às vizinhas, das instalações ou partes destas que permaneçam sob tensão.

Para a execução de trabalhos em instalações eléctricas ou partes de instalações separadas eletricamente mas não ligadas à terra e em curto-circuito, devem ser tomadas as seguintes medidas técnicas
   a) identificação da instalação (local) em que o trabalho deve ser efectuado;
   b) verificação da integridade da ligação à terra da caixa do equipamento, dos pilares e suportes metálicos e de betão (se for caso disso);
   c) separação visível quando não é possível obter um bloqueio direto;
   d) a verificação da falta de tensão e da descarga da carga capacitiva da instalação a intervir, a verificação da falta de tensão será efectuada, se for caso disso, também nos elementos metálicos das instalações (postes metálicos, estrelas metálicas dos quadros de distribuição, portas das caixas de distribuição, caixas de derivação, etc.);
   e) delimitação material da zona de trabalho, se for caso disso, e instalação de sinais de segurança;
   f) tomar medidas para evitar actividades não eléctricas;
   g) a utilização de dispositivos e ferramentas com isolamento elétrico (se aplicável).

Os trabalhos que se realizam diretamente sobre as partes sob tensão das instalações eléctricas (pelo pessoal de serviço operacional ou de manutenção-reparação), por um dos métodos "em contacto" ou "ao potencial", devem ter como base, como forma de organização, a ITI - SST ou as funções de trabalho.

Para a execução de trabalhos sob tensão em contacto, devem ser tomadas as seguintes medidas técnicas

a) identificação da instalação (local) em que o trabalho deve ser efectuado;
b) a delimitação material da zona de trabalho, consoante o caso, e a instalação de sinalização de segurança;
c) tomar medidas para evitar actividades não eléctricas;
d) garantir, por parte do chefe da obra e de cada membro do grupo de trabalho, que nas costas e nos lados não há partes tensas desimpedidas ou desprotegidas nas proximidades, de modo a que haja espaço suficiente para permitir que os movimentos necessários sejam efectuados na obra, em condições de segurança.

Os executantes devem utilizar, conforme adequado, durante o trabalho, o capacete de proteção da cabeça com viseira de proteção facial, luvas isolantes eléctricas, calçado ou tapete electroisolante e ferramentas electroisolantes ou electroisoladas.

Quando se trabalha em altura na escada mecânica, para evitar o perigo de ferimentos no pessoal (condutores ou condutores eléctricos), em caso de contacto acidental da escada com os elementos da instalação sob tensão, o pessoal em causa deve estar equipado e utilizar o tempo de descida e de subida para a cabina da escada, tal como a movimentação a partir do solo, luvas isolantes eléctricas, calçado electroisolante e capacete de segurança.

Para a execução de trabalhos em instalações sob tensão potencial, devem ser adoptadas as seguintes medidas técnicas

a) identificação da instalação (local) em que o trabalho deve ser efectuado;
b) tomar medidas para evitar acidentes de trabalho de natureza não eléctrica;
c) a utilização de dispositivos e ferramentas especiais de isolamento elétrico.

Em caso de trabalhos em tensão (sob tensão) numa linha eléctrica aérea de alta tensão, as instalações de reativação automática devem ser desactivadas durante todo o trabalho.

A linha aérea de alta tensão que está a ser trabalhada e que disparou por proteção só voltará a ser ligada depois de esclarecidas as razões do disparo, nomeadamente que não provêm da zona que está a trabalhar sob tensão.

2.3. SERVIÇO OPERACIONAL DAS INSTALAÇÕES ELÉCTRICAS

O pessoal do serviço operacional deve satisfazer as seguintes condições:

a) possuir, no mínimo, uma autorização do grupo IV se exercerem a sua própria atividade no domínio das instalações eléctricas;

b) ter um mínimo de autorização do grupo IV ou do grupo II, respetivamente, se as instalações eléctricas forem utilizadas por duas ou mais pessoas.

Em casos justificados e com prazos limitados, é permitido que, à disposição ou com a aprovação da direção da unidade operacional, a formação do serviço operacional seja aumentada ou complementada por pessoas que façam parte de outras missões de serviço operacional.

Nestes casos, a entrada e a saída do serviço operacional de formação do pessoal suplementar serão registadas pelo chefe da ronda nos registos operacionais (nome e apelido, dia e hora, pessoa que ordenou).

As pessoas que são introduzidas adicionalmente na formação do serviço operativo devem assinar o registo operativo e estão subordinadas ao chefe da ronda, tendo responsabilidades correspondentes às funções específicas desempenhadas ou às tarefas que lhes são confiadas.

Admite-se igualmente que o pessoal do serviço operacional das subestações, constituído por duas ou mais pessoas, exceto o chefe da ronda, participe nos trabalhos de manutenção e reparação em resultado da disposição do emitente.

Estas pessoas devem estar subordinadas ao chefe de trabalho e podem ser retiradas da equipa de trabalho a pedido do chefe de turno.

É proibido ao pessoal de serviço desmontar os invólucros permanentes das instalações eléctricas sob tensão e entrar para além desses invólucros.

É permitido abrir caixas móveis ou dispositivos (visores, tampas, etc.) especialmente concebidos para criar a possibilidade de controlo (visual) da corrente do equipamento no interior das caixas, mas é proibido ultrapassar o plano destas caixas ou dispositivos para qualquer parte do corpo.

O pessoal de serviço operativo deve acompanhar as instalações eléctricas com supervisão em que as pessoas com direito de controlo ou outro pessoal aprovado pela direção da unidade exerçam a sua atividade.

Supervisão de instalações eléctricas

O pessoal dos serviços operacionais que apenas supervisiona as instalações eléctricas, exerce a sua atividade com base nas suas funções, podendo ser titular, pelo menos, do segundo grupo de autorização.

Controlo das instalações eléctricas

O controlo das instalações eléctricas é efectuado por uma ou duas pessoas.
Nas situações seguintes, o controlo deve ser efectuado por duas pessoas:
a) instalações designadas como empregos com condições especiais;
b) instalações subterrâneas;
c) instalações eléctricas exteriores (linhas eléctricas suspensas) durante a noite ou com má visibilidade (nevão, tempestade, nevoeiro, chuva torrencial).

Ao controlar instalações de alta tensão num recinto, no interior ou no exterior, a porta de entrada (portão) desse recinto deve ser fechada e trancada a partir do interior pelo responsável pelo controlo, de modo a não permitir o acesso a pessoas não visadas, mas sim a saída rápida em caso de necessidade.
Ao efetuar o controlo no escuro e à noite, é obrigatório acender a luz do compartimento ou utilizar uma fonte de luz independente.
Nas instalações eléctricas com supervisão, o chefe da ronda pode dar instruções de controlo em situações especiais (tempestade, chuva, nevão, etc.). Nestas situações, o respetivo chefe de ronda será responsável pelo emissor.
Durante o controlo de quem o executa são proibidos:
a) a execução de qualquer obra;
b) desmontagem de invólucros permanentes de instalações eléctricas;
c) subir os postes de linha;
d) trepar às estruturas dos equipamentos eléctricos.

Durante a realização do controlo, a instalação (célula, linha, equipamento) deve ser considerada sob tensão, mesmo que se saiba que a tensão foi interrompida, dada a possibilidade de colocar a instalação sob tensão (intencional ou acidental).
Se o controlo encontrar uma ligação à terra (toque numa parte da instalação que esteja sob tensão com restrição permanente, caixa, estela,

paredes, chão ou um condutor caído no chão), a pessoa que efectua o controlo está proibida de se aproximar do local da avaria, antes de a instalação ser desligada.

É proibido passar por baixo dos condutores do trajeto de uma linha eléctrica aérea no âmbito do controlo noturno ou que seja executado na sequência de um disparo.

As linhas eléctricas de 110 - 750 kV estão isentas, sendo permitido passar por baixo dos condutores durante o dia, a fim de detetar defeitos nessas linhas.

Se, durante o controlo de uma linha eléctrica aérea, for encontrado nas localidades um condutor partido, caído no chão ou pendurado, a pessoa que efectua o controlo é obrigada a tomar medidas para impedir que os transeuntes se aproximem dele (organizar um guarda no local da avaria, fixar nas estacas de segurança indicadores de proibição, etc.) e a notificar a direção operacional para que sejam tomadas as medidas adequadas.

Se o condutor avariado se encontrar fora das instalações, a pessoa que efectua o controlo deve avisar o pessoal de gestão da exploração o mais rapidamente possível.

Durante o controlo, em instalações eléctricas com tensões inferiores a 220 kV, inclusive, o pessoal utilizará o capacete de proteção da cabeça e calçado de proteção electro-isolante.

Nas instalações eléctricas com tensões superiores a 220 kV, os sapatos de proteção serão electrocondutores.

A execução de manobras em instalações eléctricas

As manobras em instalações eléctricas de alta e baixa tensão devem ser efectuadas em conformidade com as disposições da sua própria regulamentação.

Durante a execução das manobras, é proibido ao pessoal tocar em partes diretamente condutoras que estejam ou se destinem a estar sob tensão.

As manobras em instalações eléctricas só devem ser iniciadas após:

a) receber aprovação ou ordem de execução;
b) identificação da instalação (equipamento e elemento) em que a manobra deve ser efectuada.

Serão abertas excepções para os casos de incidentes (perturbações), bem como para os casos de perigo iminente de acidentes humanos ou incêndios, quando as manobras forem efectuadas sem aprovação ou acordo.

A identificação deve ser efectuada visualmente, obrigatoriamente

no local, com base nos seguintes elementos, conforme adequado:
a) inscrições, numeração, nomes;
b) aparelhos ou instalações de deteção;
c) dispositivos de medição;
d) o esquema elétrico da subestação, etc;
e) outros elementos.

As manobras só são consideradas concluídas após confirmação da sua execução à pessoa que as aprovou ou ordenou.

No caso de manobras coordenadas, é proibido proceder à execução de um grupo separado de operações ou de uma operação separada sem dispor da etapa de controlo operativo que coordena as manobras.

A fase de controlo operacional que coordena as manobras só deve considerar o grupo de tarefas separado ou a operação separada ordenada como realizada após confirmação.

A execução de manobras por uma pessoa com um mínimo de autorização do grupo IV é permitida nas seguintes situações:
a) a instalação eléctrica é de baixa tensão (exceto no caso das instalações subterrâneas, cujo acesso é feito através de escotilhas);
b) no caso de instalações com vigilância operada por uma única pessoa;
c) quando se procede à abertura e desmontagem dos disjuntores;
d) ao fechar e abrir as facas de ligação à terra;
e) noutras instalações de alta tensão estabelecidas e aprovadas pela direção da unidade (subunidade) operacional.

Nas situações em que as operações de brochar-desbrochar são difíceis para uma pessoa, é permitida a participação de outra pessoa nas manobras, sendo esta o chefe da formação ou eletricista com um mínimo de autorização do grupo II.

A execução das manobras por dois electricistas com os grupos mínimos IV e II de autorização deve ser efectuada nas condições em que o eletricista com o grupo de aprovação inferior (executor da manobra) deve executar a manobra e o eletricista com o grupo superior (gestor da manobra) deve executar a manobra. deve indicar ao executante cada operação que este deve realizar, verificando a correção da compreensão e execução de cada operação e respeitando a sua sequência necessária (de acordo com a folha de manobra, quando a manobra deve ser realizada desta forma).

As operações de verificação da falta de tensão, o fecho das facas de ligação à terra e a montagem dos grampos dos dispositivos de curto-circuito devem ser efectuadas por um eletricista com aprovação mínima do grupo III.

Ambos os electricistas devem conhecer perfeitamente a manobra a executar e são solidariamente responsáveis pela correção da sua execução.

No caso de manobras em que o acionamento dos interruptores é feito remotamente (a partir da sala de comando), é permitido que o manobrador efectue esta operação, verificando o operador da manobra no local o correto funcionamento dos interruptores accionados.

O pessoal que participa na manobra deve utilizar os meios de proteção individual previstos em regras específicas.

A entrega e a brocagem dos disjuntores montados no carrinho devem ser efectuadas nas seguintes condições

   a) a utilização de capacete de proteção da cabeça, luvas isolantes eléctricas e calçado isolante de proteção;
   b) a utilização, para manobras, apenas do dispositivo especialmente concebido pelo fabricante para o efeito.

A manipulação em tensão dos fusíveis de baixa tensão só é autorizada nos casos em que não exista um disjuntor específico do circuito (separador, contactor, etc.) para o elemento protegido pelos fusíveis em questão, que permita a interrupção da tensão apenas no elemento em causa, de modo a que o funcionamento dos fusíveis seja sem tensão.

É proibido manusear os fusíveis de alta tensão sob tensão.

O manuseamento dos fusíveis de baixa tensão do tipo MPR (alto poder de rutura) deve ser efectuado por um eletricista da formação que possua, pelo menos, o grupo de aprovação II, utilizando capacete de proteção da cabeça com viseira de proteção facial, punho de acionamento dos fusíveis com manga de proteção do braço e equipamento de proteção individual feito apenas de algodão (fios naturais a 100%).

Se o manuseamento dos fusíveis do tipo MPR for efectuado por um único eletricista, este deve possuir o grupo de aprovação mínimo IV.

A verificação da falta de tensão e a montagem de dispositivos de curto-circuito para a zona de trabalho devem ser efectuadas por um eletricista com aprovação mínima do grupo III. Este é o chefe de obra ou outro membro da equipa de trabalho.

A supervisão da instalação dos dispositivos de curto-circuito deve ser assegurada por um eletricista com aprovação mínima do grupo II.

A verificação da falta de tensão e a montagem de dispositivos de curto-circuito nas instalações eléctricas com sobre-aviso, operadas por um único eletricista, são feitas por este, supervisionadas pelo chefe da obra a admitir ao trabalho ou por outro eletricista da unidade (subunidade) operadora com aprovação mínima do grupo II.

Quando as manobras em instalações eléctricas sem supervisão forem efectuadas por um único eletricista com, pelo menos, o grupo de autorização IV, a verificação da tensão e a montagem de dispositivos de curto-circuito devem ser efectuadas por esse eletricista, supervisionado pelo chefe de obra a admitir ao trabalho ou por outro eletricista da unidade (subunidade) operacional com o grupo de aprovação mínimo II.

<u>CAPÍTULO 3</u>

<u>**MEDIDAS ESPECÍFICAS - AMBIENTES DE TRABALHO ESPECÍFICOS**</u>

3.1. SUBESTAÇÕES ELÉCTRICAS, PONTOS DE ALIMENTAÇÃO, UNIDADES DE TRANSFORMAÇÃO E CAIXAS DE DISTRIBUIÇÃO

Os trabalhos nos disjuntores de descodificação montados em carros só devem ser efectuados com o carro ou a gaveta retirados da célula (exceto os trabalhos nos accionadores, quando existirem separadores de barramentos, através dos quais se consegue uma separação visível).

Depois de retirar o carrinho da cela, as suas portas devem ser fechadas e deve ser instalado um indicador de segurança adequado no sistema de fecho.

Se a célula não estiver equipada com portas, uma vez que o próprio carrinho fecha a célula aquando da abertura do disjuntor, após a remoção do carrinho, deve ser instalado um painel móvel ou uma fita de cor viva na parte da frente da célula, na qual deve ser afixado o indicador de segurança adequado.

Se a remoção do carrinho da cela constituir uma separação visível para trabalhar noutros elementos que não o disjuntor dessa cela, as portas da cela, o painel móvel ou a faixa de cor viva, consoante o caso, devem estar equipados com o indicador de segurança adequado.

Para a execução de trabalhos nos cabos de saída das células das câmaras de ligação ou de outros aparelhos montados na parte fixa das células com disjuntores de desbloqueamento, a separação visível deve ser conseguida retirando completamente o carrinho da célula.

Nos casos em que, por razões técnicas, não seja possível retirar o carrinho da célula, a separação visível deve ser efectuada através do divisor de barramento, se este existir.

Caso contrário, a separação visível deve ser efectuada retirando o primeiro ou os primeiros carros da célula da(s) fonte(s).

O chefe de obra deve verificar visualmente se as abas de chapa que cobrem os orifícios de passagem dos contactos do interrutor para os contactos fixos foram completamente fechadas durante os trabalhos efectuados no compartimento da célula com carrinho amovível do disjuntor.

Deve ser instalado um indicador de segurança adequado na parte da frente da cela, com as portas da cela (caso existam) abertas.

53

É proibido aceder e efetuar trabalhos no interior dos compartimentos das células com disjuntores de desbloqueamento, sem divisor de barramento, quando os disjuntores estão desagregados, os barramentos estão sob tensão e não existe qualquer anteparo que impeça o acesso de pessoas ou ferramentas.

O acesso ao compartimento dos disjuntores só é permitido depois de os barramentos terem sido desligados ou de terem sido instalados ecrãs (ou placas electroisolantes, conforme o caso).

Se os trabalhos forem efectuados nos compartimentos de células com um disjuntor inquebrável, com paredes contínuas, que impedem o acesso de pessoas ou ferramentas aos elementos condutores ligados aos barramentos (quando o disjuntor não é inquebrável), é permitido não montar dispositivos de curto-circuito na célula, perto da separação visível do lado voltado para os barramentos.

No caso das células metálicas, em que as paredes laterais dos compartimentos não oferecem proteção contra a proximidade das partes sob tensão dos compartimentos vizinhos, deve ser tomada pelo menos uma das seguintes medidas para realizar o trabalho:
   a) enchendo os orifícios, através da montagem de placas electroisolantes ou de tapetes isolantes móveis;
   b) a remoção da tensão das partes respectivas dos compartimentos vizinhos.

No caso de trabalhos efectuados em celas com disjuntor desbloqueável, na parte da cela situada entre o disjuntor e a ligação à linha, a ligação à terra e o curto-circuito serão efectuados fechando as facas de ligação à terra da cela.

Se não existirem, será montado um dispositivo de curto-circuito na parte da barra à qual a linha está ligada na célula.

Em ambos os casos, a alavanca do atuador do divisor de linha mais próxima da célula e na qual será instalado o indicador de segurança será bloqueada na posição aberta, sem necessidade de instalar um dispositivo de curto-circuito junto a esta separação visível.

No caso de trabalhos realizados nos cabos de saída da subestação, que ligam às linhas eléctricas aéreas, incluindo as suas caixas terminais, localizadas nas células (de qualquer tipo), a separação eléctrica da linha é feita no separador mais próximo da subestação, onde são tomadas todas as medidas técnicas.

Para realizar trabalhos nos disjuntores ou nos separadores, os seus accionadores devem ser bloqueados na posição desligada ou aberta (exceto nos casos em que seja necessária uma posição ligada ou fechada em certas operações), interrompendo os circuitos de comando. Além disso, as seguintes medidas devem ser tomadas pela entrada ou pelo chefe de obra, conforme o caso:

a) nos disjuntores e separadores accionados por ar comprimido, a entrada de ar comprimido deve ser fechada e as electroválvulas através das quais o ar comprimido é admitido no seu atuador devem ser bloqueadas mecanicamente, descarregando o circuito de pressão a jusante da válvula de isolamento. Se não for possível efetuar o bloqueio mecânico das electroválvulas, é obrigatório drenar o ar comprimido dos depósitos próprios, mantendo-se aberta a válvula de saída do ar comprimido;

b) nos disjuntores e separadores de funcionamento elétrico, os fusíveis através dos quais são alimentados os motores, os accionadores, etc., devem ser retirados;

c) os circuitos de alimentação das electrobombas devem ser cortados nos disjuntores com accionadores de pressão de líquido e, em caso de intervenção em partes, elementos ou peças móveis ou sob pressão, o circuito de comando deve ser despressurizado. Se o atuador de fluido não estiver descarregado de pressão, os trabalhos serão efectuados com base nas instruções específicas para este caso, elaboradas pelo fabricante ou pelo beneficiário;

d) nos disjuntores accionados por dispositivos de mola, as respectivas molas devem ser esticadas;

e) nas chaves ou válvulas de comando e nas válvulas de entrada de ar comprimido devem ser instalados indicadores de segurança;

f) se for necessário acionar o disjuntor ou o separador, o agente de manobra ou o circuito da corrente de manobra deve ser restabelecido, proibindo a permanência na proximidade do disjuntor ou do separador a ensaiar de qualquer pessoa que não seja a que está diretamente a efetuar o ensaio e que se certificou de que a manobra pode ser efectuada sem riscos;

g) se, em simultâneo com os trabalhos no disjuntor ou no separador, a retirada dos fusíveis do circuito de comando for substituída pela interrupção do circuito a partir das bobinas de acionamento, por desvinculação destas ou por dispositivos de corte especialmente previstos para o efeito, esta medida deve ser tomada conjuntamente pelo responsável pelos trabalhos no disjuntor ou no separador e pelo responsável pelos trabalhos nos circuitos secundários;

h) no caso de disjuntores ou separadores à distância, deve ser instalado um indicador de segurança adequado no ponto de controlo à distância, sempre que possível.

Nas subestações de energia de 400 - 750 kV (transformador e/ou ligação), devem ser utilizados dispositivos de curto-circuito para a descarga das cargas capacitivas das máquinas introduzidas e situadas em campos eléctricos de alta intensidade.

A utilização de fogo aberto (chama) só é permitida se a distância entre este e as peças de alta tensão for superior às distâncias de proximidade acrescidas de 0,8 m.

Em caso de incêndio, nas instalações eléctricas situadas nos locais, no interior ou no exterior, o pessoal de serviço operacional é obrigado a intervir, em conformidade com as instruções específicas de combate a incêndios.

A fim de evitar a ocorrência de acidentes eléctricos durante a intervenção com meios móveis (portáteis) de combate a incêndios, a tensão será interrompida na parte da instalação onde a intervenção vai ser feita e noutras instalações, conforme o caso.

A parte da instalação de baixa tensão em que intervém pode permanecer sob tensão, mas o pessoal de intervenção deve usar luvas isolantes, botas isolantes, capacete com viseira ou máscara de gás, se necessário. A pessoa que efectua estas intervenções deve evitar expor as luvas e as botas isolantes a temperaturas elevadas provocadas pelo fogo. O extintor de incêndio deve ser evitado em relação à instalação eléctrica de baixa tensão que permanece sob tensão.

No caso de intervenções de combate a incêndios em instalações interiores, deve ser utilizada a máscara de gás fornecida.

Nos postos de transformação e/ou de ligação onde existam locais em que se verifique, através de medições, que a intensidade do campo elétrico é superior a 10 kV/m (locais estabelecidos pela subunidade operacional), o pessoal de serviço operacional, bem como a pessoa que efectua trabalhos de manutenção-reparação ou montagem, deve utilizar meios de proteção específicos ou reduzir o tempo de exposição.

Ao efetuar controlos ou trabalhos em parques de cabos (túneis, poços) em subestações eléctricas subterrâneas e unidades de transformação, devem ser tomadas as seguintes medidas preventivas:

a) ventilação, ventilação e verificação obrigatória da ausência de gás. A verificação da ausência de gases combustíveis (infiltrações) ou nocivos e do perigo de emanações (ou da sua acumulação) deve ser feita com a ajuda de detectores de gás móveis, mantidos em funcionamento durante toda a execução do controlo ou das obras, se for detectada a presença de gases nocivos (óxido de carbono). ou gás natural com uma concentração próxima do limite inferior de explosão, qualquer atividade é proibida e são tomadas medidas de acordo com as suas próprias instruções;

b) a proibição da utilização de meios de iluminação eléctrica em condições normais de construção e do fogo aberto (chama) até à determinação da ausência de gases combustíveis;

c) a restrição e a instalação de sinais de segurança ou a colocação de um supervisor nas equipas de trabalho, nas bocas abertas (de visita) de salas, poços, túneis, canais ou unidades de transformação subterrâneas.

Durante o controlo e/ou a execução de trabalhos em poços, túneis e galerias ou unidades de transformação subterrâneas, deve ser utilizado o detetor de gás. A entidade emitente e o chefe de obra devem determinar, em função do perigo de lesão por gás tóxico, se cada trabalhador será igualmente equipado com um aparelho autónomo de salvamento. O aparelho autónomo será utilizado ao primeiro sinal de alerta emitido por um dos detectores de gás.

Os trabalhos de fogo aberto (chama) em casas de cabos em subestações de energia e unidades transformadoras subterrâneas devem ser realizados em condições de limitação do fogo (chama) por materiais refractários, equipando os executantes com equipamento de proteção apropriado e extintores adequados.

A execução de trabalhos em partes de instalações situadas em compartimentos comuns a outras instalações de alta tensão ou de baixa tensão, que permaneçam sob tensão, se não existirem vedações fixas na sua direção, só deve ser iniciada se forem colocadas vedações temporárias móveis e sobre estas sinais de proibição de segurança.

Antes de tocar no barramento nulo dos quadros, a continuidade da sua ligação à terra deve ser verificada visualmente e a tensão de falta será verificada.

É proibida a pulverização com dispositivos de pulverização dentro ou fora das unidades de transformação (alimentação de pontos de energia) onde existam partes sob tensão no lado onde existam instalações sob tensão.

Em caso de inundação das unidades de transformação subterrâneas (alimentação dos pontos de eletricidade), o seu estado deve ser verificado utilizando uma fonte de luz independente para o efeito. Se a água tiver tocado ou estiver muito próxima das partes sob tensão, é proibido aos operadores tocar na água antes de a instalação ser desligada. Não descerá à água antes de verificar a sua profundidade.

Nos trabalhos de escalada na construção de unidades de transformação em postes (aéreos), devem ser respeitadas as disposições das regras relativas à escalada e aos trabalhos em altura, correlacionadas com as disposições das regras específicas.

É igualmente necessário verificar o estado do andaime e da calha das unidades de transformação, bem como a fixação correcta do transformador. Se for detectado um grau avançado de apodrecimento do andaime (plataforma), trabalhar apenas com máquinas especiais para trabalhos em altura ou de acordo com as instruções técnicas de trabalho.

Não é permitida a execução simultânea de obras em dois níveis, a não ser que existam ecrãs adequados para proteger os executantes inferiores contra a queda acidental de objectos do nível superior.

Para a elevação de material elétrico por meio de máquinas, a fixação só deve ser efectuada através dos locais específicos para o efeito ou das armações metálicas do aparelho.

É proibido prender cordas ou cintas, durante a elevação, isoladores ou vias eléctricas de aparelhos, ganchos na tampa do transformador de potência (destinados apenas à desacoplagem), perfis de células pré-fabricadas, etc.

É proibido apoiar as escadas sem dispositivos de suporte ou de suspensão, incluindo os elementos de suporte da banda de trabalho dos percursos de corrente (barras flexíveis) ou os isoladores dos aparelhos eléctricos.

Depois de concluída a instalação e a ligação das vias de corrente aos terminais dos transformadores, estes devem ser ligados à terra e em curto-circuito, até que as amostras sejam recolhidas e postas em funcionamento, evitando assim lesões devidas a tensões inversas ou induzidas.

Antes de manipular os separadores que utilizam accionadores mecânicos ou pneumáticos, é necessário verificar que não há pessoas na célula e, em especial, que ninguém está a trabalhar no separador.

Os separadores só podem ser manuseados e montados na posição "fechada".

Aquando da montagem de disjuntores e de accionadores de mola, é necessário verificar previamente se as molas não estão reforçadas.

Durante os accionamentos para a regulação dos disjuntores, é proibido o acesso dos membros da equipa de trabalho junto dos mesmos, e o operador que efectua a regulação é proibido de introduzir a mão entre os mecanismos.

Para os trabalhos em caminhos de cabos ligados a caixas de distribuição aéreas, incluindo caixas de passagem, fios de ligação principais, caixas de ignição para iluminação pública, etc., em que os dispositivos de curto-circuito não podem ser montados ou a sua instalação seria feita em condições de perigo para o pessoal de manutenção ou pessoal não visado (devido à impossibilidade de fechar as portas, etc.), após o corte da tensão nos cabos e a sua separação visível, devem ser instaladas, em vez dos fusíveis, tampas ou pegas electroisolantes de cor vermelha e os correspondentes indicadores de segurança.

Para os trabalhos efectuados em caminhos de cabos ligados a caixas de distribuição subterrâneas onde não é possível montar dispositivos de curto-circuito, após o corte da tensão nos cabos, devem ser montados chapéus electroisolantes e indicadores de segurança nas facas das caixas de terminais.

No caso de trabalhos em caixas de distribuição subterrâneas, devem ser previstas medidas para a delimitação material da zona de trabalho, restringindo a caixa de distribuição com painéis, ecrãs ou faixas e fixando neles sinais de segurança de proibição, de modo a evitar o acesso e os ferimentos de pessoas desprevenidas.

Quando o trabalho é interrompido, com a deslocação do local de trabalho, a caixa de distribuição aberta, mesmo que esteja fechada, não deve ser deixada sem supervisão.

O trabalho nas caixas de distribuição deve ser efectuado com base na autorização de trabalho, nas funções de trabalho ou na ITI - SST, conforme determinado pelo motorista da unidade.

A ligação de cabos a caixas de distribuição também pode ser efectuada com base no ITI - OHS ou em tarefas de trabalho.

Ao manusear os fusíveis nas caixas de distribuição, o operador deve utilizar os seguintes meios de proteção: capacete de proteção com viseira de proteção facial, sapatos electro-isolantes, luvas electro-isolantes ou tapete electro-isolante portátil (quando manobrar a partir da borda da caixa de distribuição ajoelhada) e a pega electro-isolante para montagem-remoção de fusíveis MPR com manga de proteção do braço.

Os trabalhos em caixas de distribuição subterrâneas, sem que a tensão seja retirada de todos os elementos de instalação no seu interior, devem ser efectuados com as seguintes medidas

    a) a utilização de equipamentos de proteção individual durante todo o trabalho;

    b) remover os fusíveis de todos os cabos;

    c) a instalação de chapéus eléctricos ou de bainhas electroisolantes nas facas ou garfos fixos das partidas, quer estejam ou não sob tensão;

    d) realizar, uma de cada vez, apenas numa fase, a inspeção dos contactos nas facas aquando das partidas, ficando as outras isoladas com bainhas;

    e) interrupção da tensão no cabo ligado à caixa de terminais em que se trabalha, em caso de trabalhos de substituição;

    f) a supervisão permanente da equipa de trabalho pelo chefe de obra.

3.2. LINHAS ELÉCTRICAS AÉREAS

Execução de trabalhos no solo, nas vias e na base dos pilares

Para a execução de trabalhos na proximidade de linhas eléctricas aéreas em tensão, os vagões, as escadas, os autoteloscópios, as auto-plataformas, etc., devem ser colocados de modo a que, durante o seu funcionamento, sejam asseguradas as distâncias de proximidade previstas nestas regras, entre os condutores da linha e/ou qualquer parte destes, a carga movimentada e os condutores da linha. No caso das linhas eléctricas aéreas de baixa tensão, mesmo que estejam fora de tensão, é proibido, por razões mecânicas, tocar nos elementos da linha com as máquinas acima referidas

Aquando da colocação das cadeiras auto, deve ser tida em conta a alteração da posição da escada sob o peso da pessoa que sobe e trabalha a partir da escada.

Se qualquer parte de um veículo tiver ultrapassado a distância de proximidade dos condutores da linha de subtensão, é proibido baixar ou montar pessoal no veículo em causa, devendo ser emitidos sinais adequados a quem tiver condições para assegurar o desligamento da linha.

A medição dos calibres e dos condutores de seta das linhas eléctricas aéreas sob tensão só é permitida a partir do solo e se for efectuada com aparelhos especialmente concebidos para o efeito.

O pessoal de execução pode ser de uma especialidade diferente da do eletricista e pode efetuar a medição sem supervisão e sem autorização de trabalho, desde que tenha a formação necessária para o efeito.

No caso da poda de árvores e da abertura do corredor das linhas eléctricas aéreas sob tensão, os executantes devem respeitar a distância de proximidade entre os condutores e as ferramentas ou máquinas utilizadas, bem como entre os condutores e os ramos ou árvores a cortar.

Durante o corte, deve ter-se em conta a direção de queda dos ramos ou das árvores.

Os executantes devem utilizar calçado electroisolante, cinto de segurança complexo, capacete de proteção da cabeça, óculos de segurança e cordas durante os trabalhos, conforme adequado.

Para evitar a queda de ramos ou árvores sobre os condutores da linha, o corte deve ser efectuado depois de os atar com cordas para orientação.

Os utilizadores de motosserras mecânicas devem estar equipados e receber formação.

Ao mover manualmente postes de madeira, o chefe de trabalho (equipa) deve atribuir a tarefa de forma igual aos executantes, que estão sentados por altura, carregando o poste no mesmo ombro e caminhando na mesma cadência.

A ordem de levantar e baixar o poste deve ser dada por uma única pessoa (o chefe de obra ou de equipa), só depois de esta se ter convencido de que todos os executantes estão do mesmo lado do poste, ou seja, do lado oposto ao local de levantamento ou de descida.

Os jovens com menos de 16 anos de idade não devem ser utilizados para estas operações.

É proibido deslocar os postes manualmente em terrenos íngremes, acidentados ou escorregadios (devido à água ou ao gelo).

A elevação manual só é permitida para postes com menos de 500 kg, utilizando cabras especiais e garfos com cabeças metálicas, fortes e bem afiadas.

O poste levantado deve ser apoiado ainda mais até que o poço esteja cheio de terra.

É permitida a realização dos seguintes trabalhos na base dos pilares com a respectiva linha eléctrica aérea sob tensão:

a) medir a resistência à dispersão das suas tomadas de terra;
b) trabalhos de manutenção ou reparação de fundações, aditamentos, ancoragens, etc;
c) verificar o grau de apodrecimento dos pilares de madeira, o grau de corrosão dos pilares metálicos e das ancoragens, o estado dos pilares de betão;
d) conclusão e reacondicionamento das inscrições.

A medição da resistência de dispersão das tomadas de terra das linhas eléctricas aéreas deve ser efectuada por um mínimo de duas pessoas.

As operações de rutura e de restabelecimento da ligação da tomada de terra ao poste devem ser efectuadas com sapatos electro-isolantes, luvas isolantes e capacete de proteção da cabeça.

A medição da resistência de dispersão da tomada de terra, sem interromper a sua ligação ao poste, deve ser feita com recurso a sapatas electroisolantes ou grelha de compensação de potencial e capacete de proteção da cabeça.

Durante a medição da resistência de dispersão da tomada de terra com a interrupção da sua ligação ao poste, é proibido tocar no poste com qualquer parte do corpo.

É proibido medir a resistência de dispersão da tomada de terra das linhas eléctricas aéreas durante a descarga atmosférica.

Os trabalhos de plantação de adições, de escavação à volta ou aos pés das fundações, bem como à volta do pilar, não devem pôr em perigo o estado estável do pilar.

A medição da tensão mecânica nas ancoragens das linhas eléctricas aéreas sob tensão deve ser feita utilizando o dinamómetro em paralelo com a ancoragem. O retensionamento das ancoragens só é permitido se durante esta operação for permanentemente seguida, com teodolito, a manutenção da verticalidade do poste em cujas ancoragens se está a trabalhar.

Execução de trabalhos por escalada nos postes das linhas eléctricas aéreas fora de tensão

Os trabalhos de subida às linhas eléctricas aéreas fora de tensão devem ser efectuados em conformidade com as fichas tecnológicas ou as instruções técnicas de trabalho, que devem igualmente incluir a composição das formações de trabalho, os equipamentos, os dispositivos, as ferramentas, os equipamentos de proteção e de trabalho.

Para a execução de trabalhos nas linhas dos postes de betão pré-comprimido ou centrifugado, o pessoal deve estar protegido contra quedas e pode utilizar plataformas de trabalho.

Para a execução dos trabalhos de estiramento nos arcos dos condutores ou de substituição de ancoragens nos postes de canto, de estiramento ou terminais, feitos de betão, as operações tecnológicas de marcação no condutor e de fixação na cadeia de isolamento devem ser realizadas pelo executante apenas a partir do carro da plataforma autotransportadora ou da plataforma de lança articulada, a não ser que estas máquinas especiais não tenham acesso próximo.

Neste último caso, é permitida a presença de pessoal nestes postes, desde que, antes de flechar os condutores, se verifique que os postes entre os quais se faz o puxamento estão ancorados na direção oposta.

No caso de trabalhos nos condutores de linhas eléctricas aéreas de 400 - 750 kV, é permitido deslocar os executores nos respectivos condutores, com dispositivos especialmente concebidos para o efeito.

A subida nos postes metálicos treliçados será feita com recurso a parafusos especialmente fixados para o efeito na vertical de alguns dos seus perfis de resistência ou a métodos de proteção do pessoal contra quedas.

Execução de trabalhos por escalada nos postes de linhas eléctricas aéreas sob tensão

A pintura dos pilares é efectuada a partir do seu interior ou exterior, respeitando as distâncias mínimas de proximidade dos condutores sob tensão e assinaladas por marcação.

Os trabalhos de manutenção ou de reparação num circuito fora de tensão de uma linha eléctrica aérea com vários circuitos montados em postes comuns, quando um ou mais circuitos permanecem em subtensão, só devem ser efectuados se os condutores mais próximos do circuito em que se efectuam os trabalhos e do(s) circuito(s) em tensão, nos pontos da seta máxima, estiverem às seguintes distâncias mínimas

a) verticalmente:

- 1,5 m. de linhas eléctricas aéreas de 1 - 20 kV;

- 3 m. de linhas eléctricas aéreas de 27 - 35 kV;
- 3,5 m. de linhas de 60 - 110 kV.

b) horizontalmente:
- 3 m. de linhas eléctricas aéreas de 1 - 35 kV;
- 4 m. de linhas eléctricas aéreas de 110 kV;
- 6 m. de linhas eléctricas aéreas de 220 kV;
- 10 m. de linhas eléctricas aéreas de 400 kV.

No caso de circuitos sobrepostos em postes comuns, não são permitidos trabalhos nos circuitos acima dos que permanecem sob tensão.

Exceptuam-se os trabalhos realizados nos circuitos acima dos radiadores e acima das linhas de contacto para a tração urbana, desde que, nos trabalhos simples realizados nas luminárias (substituição de lâmpadas queimadas, globos partidos, fusíveis queimados, lareiras avariadas, etc.), sejam utilizados dispositivos ou máquinas especiais que permitam a realização desses trabalhos sem perigo.

Para as outras categorias de trabalhos nos circuitos de iluminação pública acima das linhas de contacto da tração urbana, a unidade operacional deve estabelecer, através de instruções próprias, as medidas a tomar, de acordo com as particularidades, para que os trabalhos possam ser executados sem perigo.

No caso de trabalhos em postes de betão de linhas eléctricas aéreas de 110 kV ou mais, a subida deve ser efectuada com o auto-telescópio, a autoescada ou outro equipamento semelhante.

É permitido subir também com a ajuda de escadas, que são montadas em pilares, pelo método de construção, em conformidade com as disposições das instruções específicas das escadas, bem como das fichas tecnológicas.

No caso de um circuito deixado sob tensão, é necessário evitar que este ultrapasse as distâncias de proximidade em relação a ele.

Durante a execução de trabalhos num circuito fora de tensão de uma linha eléctrica aérea com vários circuitos, quando um ou vários deles permanecem sob tensão, a formação de trabalho deve respeitar as disposições das fichas tecnológicas ou das instruções técnicas de trabalho.

É proibido retirar, montar e flechar condutores de circuitos de baixa tensão, montados em postes comuns com outros circuitos de baixa ou alta tensão que permaneçam sob tensão.

Execução de trabalhos em linhas eléctricas aéreas em condições especiais de atravessamento

Ao efetuar trabalhos numa abertura de uma linha eléctrica aérea que seja atravessada por outra(s) linha(s) em serviço, com a tensão apenas retirada da linha em que os trabalhos estão a ser efectuados, devem ser tidas em conta as seguintes condições

a) o equilíbrio estável dos pilares ou condutores não se perde na linha que atravessa;

b) assegurar os cabos da linha que atravessa por baixo contra um eventual salto;

c) as distâncias verticais mínimas entre os condutores mais próximos da linha subtravessada e da linha atravessada devem ser observadas do seguinte modo

- 1,5 m de linhas eléctricas aéreas de 1 - 20 kV;
- 3 m de linhas eléctricas aéreas de 27 - 35 kV;
- 3,5 m de linhas eléctricas aéreas de 60 - 110 kV;
- 4,5 m de linhas eléctricas aéreas de 220 kV;
- 6 m de linhas eléctricas aéreas de 400 kV;
- 9 m de linhas eléctricas aéreas de 750 kV.

A medição destas distâncias será efectuada com aparelhos especiais (teodolito, telemetria, etc.).

A execução de trabalhos em vãos situados no painel onde existam intersecções com outras linhas eléctricas aéreas em serviço (passagens inferiores ou superiores), mas em vãos diferentes daqueles em que se efectuam os trabalhos, deve ser feita de acordo com o disposto no artigo anterior e nas regras seguintes:

a) a execução de trabalhos que não conduzam à perda de equilíbrio estável de postes ou condutores, exige que a tensão seja retirada apenas do circuito em que se efectuam os trabalhos, desde que sejam observadas as distâncias verticais mínimas entre as duas linhas, correspondentes às tensões das linhas que atravessam a linha em que se efectuam os trabalhos, sendo a medição destas distâncias feita com a ajuda de equipamento especial;

b) a execução de trabalhos que conduzam à perda do equilíbrio estável dos pilares ou dos condutores deve ser efectuada apenas com a libertação da linha em que se efectuam os trabalhos e as zonas de trabalho devem ser assim estabelecidas, não abrangendo a abertura (vãos) em que existam subtraversões ou sobretraversões.

Serão previstas ancoragens para condutores e postes entre a abertura em que se efectuam os trabalhos e a abertura com intersecções em direção à abertura em que se efectuam os trabalhos.

Para a execução de trabalhos numa linha eléctrica aérea que é atravessada por outra linha eléctrica aérea com circuitos sobrepostos, é permitido remover a tensão apenas para o circuito inferior da linha que atravessa.

Os trabalhos nas linhas eléctricas aéreas que atravessam ou estão situadas na proximidade imediata de caminhos-de-ferro, estradas internacionais, estradas nacionais, estradas municipais, rios e cursos de água devem ser realizados de forma preventiva:

a) um acordo com as entidades competentes em matéria de caminhos-de-ferro ou de navegação, sobre os intervalos de trabalho e a presença de delegados que, através da colocação de sinais de aviso e da adoção de outras medidas, podem interromper a circulação de comboios ou navios durante a execução dos trabalhos ou impedir a formação atempada de trabalhos sobre a passagem de navios ou comboios, quando os trabalhos são provisoriamente interrompidos, até à sua passagem.

b) sinalização avançada (pelo menos 50 m de cada lado do ponto de trabalho) no tráfego rodoviário.

Execução de trabalhos em linhas eléctricas aéreas em condições especiais de paralelismo

Quando se efectuam trabalhos em linhas eléctricas aéreas em que os valores dos cálculos e/ou medições das tensões induzidas excedem os valores admissíveis, aplicam-se as seguintes medidas

a) no caso de obras sobre condutores:
- a proibição, durante o trabalho, do toque simultâneo do condutor da linha ou do poste em que se trabalha e de outro elemento metálico em contacto com uma zona de potencial nulo (a mais de 20 m do poste);
- proibição de execução de trabalhos em condições de descarga eléctrica;
- Separação galvânica da ligação à terra e do curto-circuito da zona de separação eléctrica da instalação, da ligação à terra e do curto-circuito na(s) zona(s) de trabalho (exceto para a ligação através de condutores de proteção, quando disponíveis);
- estabelecer na autorização de trabalho ou na ITI - SST o número, os locais e o comprimento das áreas de trabalho, incluindo os locais de montagem na área de trabalho dos atenuadores, se necessário, em linhas eléctricas aéreas de 110 - 750 kV.

b) no caso do trabalho de campo:
- a utilização de calçado electro-isolante ao aproximar-se dos postes onde se efectua a ligação à terra e a ligação em curto-circuito na zona de trabalho ou na proximidade de elementos

metálicos que possam entrar em contacto com os condutores da linha fora de tensão.

Em caso de desmontagem, montagem e tração com setas dos condutores das linhas eléctricas aéreas em que os valores das tensões induzidas excedam os valores admissíveis, devem ser respeitadas as medidas constantes das fichas tecnológicas ou das instruções técnicas de trabalho.

Se a linha indutora for de tração eléctrica, em que a corrente de retorno à fonte passa pela terra, os trabalhos em linhas aéreas com tensão induzida devem ser efectuados de acordo com as instruções próprias elaboradas para o efeito.

Antes de completar uma catenária entre um painel de trabalho e um painel de tensão induzida, este último deve ser ligado à terra do lado em que os cabos de ligação vão ser ligados.

Execução de trabalhos em secções de linhas eléctricas aéreas visivelmente separadas por desvinculação de cabos ou condutores

A desvinculação dos cabos do troço da linha aérea em que se vai trabalhar durante um período de tempo mais longo, do resto da linha sob tensão, deve ser efectuada de modo a que, depois de subtensionada a parte da linha em que não se trabalha, os cabos soltos fiquem firmemente ligados aos condutores do troço em que se trabalha, ligados à terra e em curto-circuito na zona de trabalho.

É proibido montar os dispositivos de curto-circuito no poste em que os cabos foram desatados depois de a linha ter estado sob tensão.

O trabalho na secção separada da linha visível através da desvinculação de cabos ou condutores será executado com base na autorização de trabalho, ITI - OHS ou protocolo.

O trabalho de desatar e atar os cordões ou condutores será efectuado com base numa autorização de trabalho distinta, exceto nos casos em que o trabalho seja executado por uma formação de serviço operacional.

Para a separação visível de um cabo, ligado a uma linha eléctrica aérea, por desvinculação, deve proceder-se de forma semelhante às disposições anteriores.

Execução de trabalhos em linhas eléctricas aéreas de baixa tensão com condutores isolados torcidos

As redes eléctricas de baixa tensão com condutores isolados por torção devem permitir a execução de medidas técnicas.

A este respeito, serão efectuadas as adaptações necessárias quando se trabalhar nas redes existentes em funcionamento.

Se uma linha eléctrica aérea de baixa tensão com condutores isolados torcidos for continuada com uma parte com condutores não isolados, ao executar trabalhos nesta parte, com remoção de tensão, a área de trabalho deve ser realizada de acordo com as disposições das regras específicas.

Os trabalhos em linhas aéreas de baixa tensão com condutores de par entrançado sob tensão devem ser efectuados com luvas isolantes e ferramentas electro-isolantes ou com cabos electro-isolantes, considerando-se que são efectuados sob tensão em contacto.

Execução de trabalhos de plantação de postes e instalação de isoladores

Em caso de utilização de uma grua, a subida ou descida do poste deve ser feita de forma suave e apenas por acionamento vertical. É proibido puxar a grua de forma oblíqua.

Durante o levantamento do pilar e até à sua fixação na fundação são proibidos:
a) estacionário ou passando sob o pilar, sob o braço da grua ou sob os cabos de teca;
b) estacionário ou de passagem entre o carro de elevação e a cabra de elevação (pilar).

Quando se interrompe temporariamente o processo de elevação do poste, não é permitido deixá-lo na posição suspensa.

O equipamento utilizado para levantar o poste ou os cabos de suporte e de ancoragem não serão libertados enquanto o poste não estiver firmemente fixado à fundação.

É proibido subir qualquer membro do grupo de trabalho a um poste que não esteja permanentemente fixado na fundação.

Qualquer operação que ponha em perigo a estabilidade do poste, como a remoção das cavilhas de fixação, a alteração da posição das ancoragens, etc., não deve ser efectuada até que uma ancoragem suplementar do poste permita manter a sua estabilidade. Durante estas operações, é proibido subir, descer ou estacionar os membros do grupo de trabalho no poste ou perto dele.

A elevação manual dos isoladores, da armadura, dos dispositivos de proteção ou de trabalho e/ou dos materiais nos postes deve ser feita, conforme o caso, por meio de cordas, roldanas ou cadernais.

As roldanas devem ser fixadas à consola na proximidade imediata do local de fixação dos isoladores ou acessórios ou em locais convenientes, estabelecidos pelo chefe de obra para os dispositivos e materiais.

Os pormenores e a sequência das operações serão indicados na ficha tecnológica ou nas instruções técnicas de trabalho.

Os membros do grupo de trabalho que operam o cabo de sustentação ou o dispositivo de elevação da carga devem manter-se lado a lado para não se ferirem em caso de queda com um dispositivo de elevação mecanizado; o membro do grupo de trabalho que se encontra no poste deve supervisionar a elevação, mantendo-se no interior do poste metálico ou junto do gerador do poste de betão, protegendo-se contra as quedas de altura através da utilização de um componente do equipamento de proteção individual específico.

Durante a condução dos condutores, os examinadores devem supervisionar a passagem do fio-piloto ou do condutor sobre os rolos.

Em caso de bloqueio de um rolo ou de enganchamento do condutor, a repetição deve ser interrompida e retomada após a eliminação da avaria.

Nas linhas eléctricas aéreas de 110 - 750 kV, a montagem dos grampos de suporte dos condutores deve ser efectuada a partir da plataforma, do assento ou da escada de montagem, devendo o membro do grupo de trabalho que efectua a operação proteger-se contra a queda.

Do mesmo modo, será efectuada a montagem dos grampos condutores no isolamento dos postes de tensão.

Estas operações podem também ser efectuadas com a ajuda de máquinas especiais, tomando as medidas de segurança adequadas contra o seu desequilíbrio, bem como contra a queda de altura dos membros do grupo de trabalho.

Para a fixação dos condutores em pinças ou para a ligação dos cabos aos postes de tração, os membros do grupo de trabalho que efectuam estas operações devem estar prevenidos contra quedas de altura.

Para os trabalhos nos condutores, na abertura, efectuados a partir do carrinho, os membros do grupo de trabalho que efectuam estas operações devem dispor de meios de ligação (corda) do cinto ao condutor.

O trabalho de montagem dos condutores deve ser efectuado de forma a não alterar o equilíbrio dos pilares.

Na instalação de condutores em zonas habitadas ou na travessia de vias (caminhos-de-ferro, estradas, cursos de água, etc.), devem ser tomadas medidas para impedir o acesso de pessoas e meios de transporte desprevenidos às zonas de trabalho.

Desde o desdobramento e flechamento dos condutores e até à sua fixação, nas zonas povoadas, junto e atravessando as estradas e caminhos, serão colocados elementos do grupo de trabalho da guarda, que sinalizarão o perigo.

Ao atravessar estradas com tráfego intenso, para além das medidas acima referidas, será efectuada uma sinalização avançada em ambos os sentidos de tráfego a uma distância de pelo menos 50 m do cruzamento.

O trabalho de atravessamento dos caminhos-de-ferro será efectuado tomando as medidas necessárias estabelecidas pela Convenção, a fim de evitar acidentes durante o tráfego ferroviário, medidas essas que serão acordadas com os representantes dos caminhos-de-ferro.

Trabalhos de desmantelamento de linhas eléctricas aéreas

A desequipagem dos pilares deve ser efectuada:
a) do carrinho da máquina ou na autoestrada;
b) subindo diretamente para o poste depois de este ter sido ancorado de forma a evitar a sua queda;
c) subindo diretamente para o poste recém-plantado ao lado daquele que apresenta insegurança de funcionamento.

A remoção dos condutores deve ser efectuada de forma a não alterar o equilíbrio estável dos pilares. Antes de iniciar a remoção dos condutores, os postes de tensão (exceto os postes de extremidade) que limitam o painel serão ancorados.

Não é permitido cortar ou soltar livremente os cabos dos postes de suporte.

A remoção dos condutores deve ser determinada por fichas tecnológicas ou instruções técnicas de trabalho.

Aquando da remoção dos pilares, serão tomadas as mesmas medidas que para a plantação, acima referidas, a fim de evitar acidentes em caso de queda acidental do poste.

Se um circuito for retirado de pólos comuns com outros circuitos não retirados, o trabalho será efectuado com todos os circuitos fora de tensão.

A remoção de postes metálicos ou de betão deve ser feita de acordo com as disposições das fichas tecnológicas.

Devem prever principalmente métodos de desmontagem da posição vertical ou de colocação na posição horizontal.

Consoante o método, deve ser efectuado:
a) fornecer à secção metálica ou ao pilar cabos de direção durante a descida até ao solo;
b) manter o pilar (troço) na vertical, por meio da grua, durante a desmontagem ou desmontagem da sua base, mantendo pelo menos um ponto de apoio na base (cavilha de proteção, dois a três elementos da estrutura longitudinal de ferro-betão) que deve

impedir a rutura durante a inclinação do poste para a posição horizontal no solo;

c) a desmontagem ou desmontagem e o último ponto de apoio, operação efectuada com o pilar (secção) situado no solo.

A demolição de postes de betão, madeira ou metal a eles equiparados só deve ser efectuada após a escavação.

Os fossos resultantes da remoção dos pilares devem ser tapados.

A partir do momento em que o pilar é inclinado da base até ser colocado no chão, nenhuma pessoa deve sentar-se debaixo do poste ou no raio da sua queda.

A direção do poste durante a descida até ao solo será feita com a ajuda de cordas, estando o bastão situado fora do alcance do braço da grua e do poste.

3.3. LINHAS ELÉCTRICAS SUBTERRÂNEAS

Os trabalhos de construção e montagem de linhas eléctricas subterrâneas, em novos traçados, devem ser efectuados com base num dos formulários previstos na regulamentação específica.

Os trabalhos nos cabos eléctricos em funcionamento, após a sua descoberta total, bem como os trabalhos de correção de avarias nos mesmos, só serão efectuados com base na autorização de trabalho.

Os cabos e mangas que permaneçam suspensos após a escavação mais profunda do que a sua posição no solo devem ser suportados por consolidação em tábuas, vigas ou caleiras provisórias.

É proibido suspender cabos a partir de outros cabos ou tubos adjacentes.

Durante a repetição e a colocação dos cabos, os executantes devem proteger as mãos com luvas de proteção (palmar).

Para o assentamento manual dos cabos, apoiando-os no ombro, o pessoal executante deve usar ombros, e o comprimento da parte manuseada e o número de pessoas devem ser escolhidos de modo a que uma pessoa tenha um peso não superior a 30 kg.

Durante a colocação de um cabo, por este processo, toda a equipa será colocada no mesmo lado do cabo (vala).

Ao colocar os cabos mecanicamente, o chefe da obra deve orientar o bom desenrolar do processo tecnológico.

Ao colocar cabos em perfis existentes com outros cabos abertos e sob tensão, o pessoal deve usar um capacete de proteção da cabeça, sapatos isolantes e um fato de tecido resistente ao calor.

Se o cabo for encaminhado, o pessoal de execução que ajuda a puxar os cabos deve estar de frente para o tambor, a pelo menos 1 m de distância do rolo traseiro, para evitar que as mãos fiquem presas nos rolos.

Para evitar que o tambor possa rolar durante o desenrolamento do cabo, este deve ser corretamente fixado.

Na instalação de cabos submarinos, devem ser respeitadas as disposições das fichas tecnológicas ou das instruções técnicas específicas, com as seguintes indicações
   a) as embarcações utilizadas nos trabalhos devem estar em bom estado e equipadas com um número suficiente de grades salva-vidas, devendo o pessoal executante receber formação sobre o modo de utilização;
   b) durante toda a operação de colocação dos cabos, a circulação fluvial deve ser completamente interrompida;
   c) durante a utilização de embarcações, o pessoal de execução deve estar equipado com equipamento de salvamento pessoal e utilizá-lo, sendo-lhe proibido
      - tomar banho no leito do rio, nos rios ou nos lagos;
      - atravessar os percursos de natação;
      - trabalhar na orla marítima, durante a noite ou em caso de tempestades, nevoeiro, chuva e ondas grandes;
   d) é proibido o fundeamento improvisado de navios.

Na preparação e vazamento de materiais electro-isolantes, ligas de soldadura e outros métodos utilizados na execução de mangas e terminais, devem ser respeitadas as disposições relativas à proteção dos trabalhos nas chapas tecnológicas.

Durante a carga, a descarga e o manuseamento dos bidões com cabos, devem ser respeitadas as seguintes regras
   a) antes de qualquer manuseamento, verificar o bom estado do revestimento protetor do tambor e remover os pregos salientes;
   b) as operações de carregamento do tambor serão normalmente efectuadas com recurso a equipamentos de elevação (auto-carregamento, auto-carregamento, etc.) ou com meios de pequena mecanização (roldanas, cadernais, etc.), utilizando eixos e cabos, dimensionados em função das cargas de elevação;
   c) no camião ou reboque, os tambores devem ser colocados horizontalmente, com o sentido de rolamento no sentido da circulação. Sobre a plataforma do camião ou do reboque, os bidões serão fixados por ancoragens ou cunhas sólidas e suficientemente grandes, sendo proibido o transporte de pessoas na mesma plataforma que os bidões;

d) a descarga dos bidões deve ser efectuada com a grua ou manualmente num plano inclinado assente sobre as cabras. O tambor deve ser segurado com cordas ou cabos do lado oposto ao do movimento, visando o movimento correto do tambor no plano inclinado. É proibido colocar pessoal na direção do movimento do tambor ou perto do plano inclinado. Todas as operações de correção do deslocamento no solo devem ser efectuadas com feridas longas ou cunhas de cauda longa;

e) o manuseamento dos tambores é efectuado de acordo com as fichas tecnológicas ou instruções técnicas de trabalho elaboradas para o efeito pelas unidades de fabrico de cabos, correspondentes aos tipos de cabos, tensão, isolamento, etc., utilizando dispositivos especiais;

f) as operações de atar e desatar os tambores e de dirigir a grua ou o dispositivo de elevação (roldana) devem ser efectuadas pelo braço de carga.

Realização de trabalhos de reparação de avarias em cabos

Os trabalhos em cabos de alta tensão em funcionamento, incluindo os trabalhos nas mangas e nas extremidades, devem ser efectuados ao abrigo de uma autorização de trabalho.

A escavação deve ser dispensada até à descoberta completa dos cabos, que pode ser executada com base no ITI - OHS ou em indicações verbais e na verificação da correspondência das fases, que também pode ser executada com base em tarefas de trabalho.

Os trabalhos em cabos de baixa tensão em serviço, incluindo os de mangas e terminais, devem ser efectuados na base da autorização de trabalho ou ITI - SST, sendo os trabalhos de escavação até à sua completa descobertura efectuados nas mesmas condições que nos cabos de alta tensão.

Para efetuar trabalhos de reparação de avarias nos cabos, devem ser aplicadas as medidas técnicas previstas nas regras específicas.

Ao efetuar trabalhos de reparação de avarias em cabos enterrados ou colocados no bastidor, devem ser executados os seguintes passos sucessivos:

a) a localização do defeito ou a determinação da zona de avaria com base na autorização de trabalho ou na ITI - SST, recorrendo a equipamentos ou instalações especiais, utilizados pelo pessoal autorizado separadamente para esta categoria de trabalho, a seguir designado por "identificador";

b) marcação pelo identificador do(s) local(is) onde a escavação deve ser efectuada, conforme o caso, para identificar o cabo e a localização da avaria no mesmo;

c) a restrição do local de trabalho e a colocação da sinalização de segurança adequada e, se for caso disso, a execução de escavações no local estabelecido pelo identificador, utilizando meios mecânicos ou manuais, até à camada de proteção ou de aviso nos cabos;

d) desenrolamento total do cabo ou do fluxo de cabos utilizando apenas pás com cauda de madeira. A movimentação dos cabos existentes no fluxo deve ser efectuada com luvas electroisolantes, fato de tecido resistente ao calor, calçado electroisolante e capacete de proteção da cabeça com viseira de proteção facial. No caso de cabos com proteção exterior em fita de aço, devem ser utilizadas luvas electro-isolantes protegidas com palmar. Durante as operações de desconexão dos cabos, deve evitar-se bater-lhes com ferramentas ou utensílios duros (pás, casquilhos, cortinas, feridas, etc.). O pessoal que efectua a desconexão completa e/ou a reparação dos cabos deve estar equipado com capacete de proteção da cabeça e calçado electro-isolante, sempre que a passagem direta dos cabos no fluxo não possa ser evitada devido à localização;

e) identificação do cabo defeituoso no fluxo, pelo identificador, com base numa autorização de trabalho, por:
   - confrontar os planos com a situação no terreno;
   - observação dos cabos quanto à disposição no perfil, ao seu estado físico e à sua marcação;
   - estabelecer o local defeituoso, utilizando instalações e métodos especiais, respeitando as medidas previstas nas suas instruções específicas ou as contidas nas regras específicas. A deslocação dos cabos em serviço da posição no terreno para efeitos de identificação deve ser efectuada apenas pelo pessoal de identificação que utilize, como meios de proteção individual, calçado electro-isolante, luvas electro-isolantes protegidas ou não, consoante a camada exterior do cabo, com luvas de proteção mecânica, capacete de proteção da cabeça com viseira de proteção facial e fato em tecido resistente ao calor. Após a conclusão das operações de identificação, o identificador acima referido deve levar o cabo ao estado de terra e de curto-circuito em ambas as extremidades;

f) a etiquetagem separada do cabo defeituoso, a preparação mecânica e o corte por meio de um dispositivo especial destinado a este fim, acionado à distância, operações realizadas pelo identificador. A tecnologia de verificação da falta de tensão no cabo identificado como defeituoso, utilizando o dispositivo de perfuração e, em seguida, o corte mecânico do cabo, utilizando a serra metálica, é permitida no prazo máximo de dois anos após a entrada em vigor desta norma específica e será detalhada em instrução de trabalho, desenvolvida pela unidade executora. Na preparação do corte mecânico e durante a perfuração e o corte, na tecnologia atual, temporariamente aceite, devem ser utilizados meios de proteção individual. Durante a preparação da operação de corte, só o pessoal de identificação deve estar estacionado na zona de trabalho. Antes do corte efetivo do cabo com o corta-cabos, o identificador evacua também o pessoal da sua própria equipa;

g) após o corte, o identificador deve, se for caso disso, verificar a ausência de tensão no local de corte com o detetor, do seguinte

modo
- em ambos os lados de cada fase de corte antes da remoção (passagem para outra fase) do dispositivo de corte, no caso de cabos de um só fio;
- nas fases de ambos os lados do cabo trifásico cortado, antes de retirar o aparelho do mesmo;
- em seguida, com o megôhmetro, a partir do local de corte, a ambas as extremidades de cada fase cortada ou cabo cortado, verificando a ligação da outra extremidade dos mesmos à terra ou, se for caso disso, à terra e em curto-circuito. O controlo acima referido, efectuado na presença do responsável pela formação em reparação de cabos, permite-lhe ser admitido ao trabalho, após ter completado o capítulo B da sua autorização de trabalho.

Nas situações em que a formação de reparação de avarias em cabos não inicia os trabalhos, o identificador deve registar na sua própria licença de trabalho no ponto B6 "o cabo foi cortado".

Simultaneamente, antes da conclusão dos trabalhos, deve verificar o bom estado do confinamento e da sinalização da fossa, respetivamente, para os garantir de outra forma.

O identificador deve entregar a autorização de trabalho a uma pessoa autorizada pelo chefe da subunidade ou pelo pessoal do serviço operacional, que deve registar no registo operacional o estado em que o cabo foi deixado.

Admite-se que os trabalhos de correção do defeito no cabo anteriormente cortado sejam iniciados pelo chefe de obra, designado por admissão.

O examinador deve verificar, a partir do local onde o cabo foi cortado pelo identificador, se não está sob tensão e se está ligado à terra e em curto-circuito nas duas extremidades.

O controlo deve ser efectuado se já não houver um corta-cabos no local.

É igualmente permitido que a formação de reparação de cabos seja admitida ao trabalho pela formação de serviço operativo, ou por outra pessoa designada pelo emitente como admitidor, que verifica, na presença do chefe de obra, a partir do local onde o cabo foi cortado, que este não está sob tensão e que, em ambas as extremidades, está ligado à terra e em curto-circuito.

O chefe de obra da equipa de reparação de cabos pode ainda agregar a função de identificador, caso exista um único cabo no respetivo perfil, um único circuito constituído por três cabos monofásicos ou um único circuito DC constituído por dois cabos monofásicos, situação em que a identificação é certa e pode ser feita de forma simples.

Nos casos em que a avaria é claramente observada (rutura do cabo, corte devido a curto-circuito, explosão na manga ou na caixa de terminais), a admissão da formação de reparação de cabos deve verificar, a partir do local da avaria, na presença do chefe de obra, se não há tensão no cabo e se este está ligado à terra e em curto-circuito em ambas as extremidades, estado operativo em que o cabo foi previamente colocado. Este controlo destina-se a verificar a ausência de tensão no local do defeito do cabo.

No caso dos cabos de baixa tensão, em que a identificação pode ser feita de forma inequívoca, é permitido ao chefe de obra utilizar uma serra metálica com ligação à terra em vez do dispositivo de corte, utilizando meios de proteção individuais.

No mesmo caso, o chefe de obra é autorizado a abrir as mangas sem corte prévio do cabo, desde que o empreiteiro utilize, até efetuar a verificação da ausência de tensão no local da avaria no interior, calçado e luvas electro-isolantes, capacete com viseira de proteção facial e ferramentas adequadas (martelo e talhadeira com cabos de madeira).

A abertura das mangas dos cabos de 6 - 35 kV, devido a defeito interno, só é permitida após o pré-corte do cabo junto a elas, entre o identificador.

No caso de trabalhos em cabos em que possam ocorrer correntes de circulação através da bainha, é necessário assegurar a continuidade tanto da armadura de proteção como da bainha de chumbo (cobre) do cabo na zona de trabalho, medida que deve ser inscrita pelo emitente na autorização de trabalho.

No caso de trabalhos nas extremidades, em células nas estações ou postos de transformação, a autorização de trabalho deve ser emitida pela unidade (subunidade) que opera o cabo no qual o trabalho será efectuado.

Quando uma ou ambas as extremidades estiverem ligadas a células que não estejam a ser utilizadas pela subunidade emissora da autorização de trabalho, a determinação das separações visíveis deve ser obrigatória, em consulta com a subunidade que tem essas células a funcionar.

As medidas técnicas ordenadas pelo emitente devem ser efectuadas pelo pessoal afeto ao comando operacional da instalação de que o cabo faz parte. Para este efeito, no caso das subestações eléctricas e unidades de transformação, as medidas técnicas serão providenciadas pelo escalão de controlo operacional que tem em comando direto a respectiva instalação e serão executadas pelo pessoal de serviço operacional nas subestações eléctricas, ou seja, pelo pessoal de serviço operacional da rede a que pertencem as unidades de transformação.

A admissão à obra deve ser feita pelo pessoal de serviço operacional da instalação onde se encontra a célula que contém a extremidade terminal e que recebe, por mensagem, a confirmação da adoção de medidas técnicas de proteção da obra na outra extremidade do cabo.

Os trabalhos na extremidade terminal de um dos cabos que alimentam a mesma célula, juntamente com outro cabo com um destino diferente, só devem ser iniciados depois de o identificador verificar e demonstrar ao chefe de obra que a admissão ao trabalho é feita no cabo defeituoso (ligado à terra e em curto-circuito na outra extremidade), excluindo a confusão com o cabo não danificado.

Estas situações devem ser tratadas como empregos em condições especiais.

A movimentação dos cabos e mangas é normalmente efectuada com a remoção dos respectivos cabos da tensão.

Nos casos em que não possam ser retirados da tensão, é excecionalmente permitido deslocá-los em curtas distâncias, em perfil vivo, com o cumprimento cumulativo das seguintes condições
   a) o movimento deve ser efectuado manualmente, com ou sem ferramentas electroisolantes adequadas;
   b) se a parte do cabo a deslocar tiver mangas, estas devem ser previamente fixadas nas pranchas, de modo a excluir a possibilidade de danificar as mangas e de dobrar ou esticar o cabo junto das mangas;
   c) todos os executantes devem usar calçado electroisolante, luvas isolantes, capacete de proteção da cabeça, viseira de proteção facial e fato de tecido resistente ao calor. Nas situações em que o manuseamento é feito diretamente com as mãos, os executantes devem ainda usar luvas electroisolantes associadas a luvas de proteção mecânica (palma).

Na execução das mangas e terminais, nos cabos de óleo pressurizado de 110 - 220 kV, o chefe de obra deve tomar as seguintes medidas de SST:
   a) verificar, antes do início dos trabalhos, se a tenda, os andaimes e o pavimento foram corretamente montados e ancorados contra o ruído provocado pelo tráfego intenso ou pelo vento;
   b) a ligação dos andaimes metálicos e das máquinas a uma tomada de terra adequada;
   c) a manipulação de reservatórios de óleo sob pressão só pode ser efectuada por meio de máquinas de elevação, sendo proibido fazer rolar os reservatórios.

La pozarea cablurilor de 110-220 kV cu ulei sub presiune, şeful de lucrare trebuie să ia următoarele măsuri de protecţie a muncii:
Aquando do assentamento dos cabos de 110 - 220 kV com óleo pressurizado, o chefe de obra deve tomar as seguintes medidas de SST:
   a) dotar a bateria de tanques e o desgaseificador de óleo com extintores de dióxido de carbono e painéis com meios de combate a incêndios;
   b) o desgaseificador de óleo está ligado a uma tomada de ligação à terra adequada.

As intervenções sucessivas na mesma zona de trabalho ou em zonas de trabalho diferentes, a formação de reparação da cablagem e a identificação do local defeituoso serão registadas nas autorizações de trabalho das duas formações como "interrupções e retomas de trabalhos".

Execução de trabalhos de exploração-reparação de cabos piloto ou telefónicos

A execução de trabalhos de reparação de avarias em cabos piloto ou telefónicos utilizados em instalações de energia para telecomunicações e medições, ordens, sinais, telemecanizações, teleprotecção, etc. deve ser executada com base em autorizações de trabalho ou ITI - SST.
A separação eléctrica só deve ser efectuada para os circuitos ligados

diretamente às instalações de corrente contínua ou a outras instalações nas instalações entre as quais é feita a ligação do cabo. Não é obrigatório ligar as extremidades do cabo à terra e em curto-circuito.

Uma vez identificado o cabo piloto ou telefónico, este pode ser cortado com luvas electro-isolantes.

A admissão deve fazer parte do pessoal que opera o piloto ou os cabos telefónicos em causa.

Se os circuitos não estiverem interrompidos e visivelmente separados, considera-se que o trabalho é efectuado sob tensão de contacto.

Apenas um condutor deve ser desisolado durante os trabalhos nos condutores e o condutor no qual o revestimento metálico ou o reforço do cabo está a ser trabalhado não será tocado. Para este efeito, durante os trabalhos, o revestimento e a armadura do cabo são previamente isolados com fita isoladora na zona de trabalho.

Se, através dos condutores do piloto ou dos cabos telefónicos, puderem ocorrer tensões por acoplamento resistivo ou indutivo (determinado por cálculos preliminares pela unidade operadora), excedendo os limites máximos permitidos pelas normas em vigor, o pessoal executante utilizará calçado isolante e não tocará diretamente, com qualquer parte do corpo que não esteja isolada, a terra ou outros elementos relacionados com a terra. Estas situações serão indicadas na respectiva licença de trabalho ou ITI - SST.

3.4. TRABALHOS DE DEFECTOSCOPIA E ENSAIOS DE ALTA TENSÃO

Nos bancos de ensaio, em que o equipamento ensaiado se encontra na mesma área fechada com o equipamento de alta tensão e a mesa de controlo e os executantes se encontram fora dessa área, os trabalhos de defectoscopia e ensaio de alta tensão podem ser realizados por uma única pessoa com pelo menos IV grupo de autorização, com base no ITI - SST.

Se para estes trabalhos for utilizado o trabalho em autolaboratório, o grupo de trabalho deve ser constituído por, pelo menos, duas pessoas, que possuam, no mínimo, o quarto e o segundo grupos de autorização, sendo os trabalhos executados com base na autorização de trabalho ou no ITI - SST.

Os ensaios de alta tensão ou a defectoscopia, cujos esquemas utilizam aparelhos dispersos (disjuntores, variadores de tensão, transformadores, etc.), devem ser efectuados por um mínimo de duas pessoas com autorização, respetivamente, dos grupos IV e III.

Nestes casos, cada membro do grupo de trabalho deve acionar um micro-disjuntor que condiciona o circuito elétrico a estar fechado para a tensão do diagrama.

O trabalho efetivo deve ser realizado com base na autorização de trabalho ou na ITI - OHS.

Os ensaios de alta tensão dos equipamentos de isolamento elétrico devem ser efectuados em conformidade com as instruções técnicas de trabalho elaboradas para o efeito. O mesmo deve ser feito no caso dos ensaios de alta tensão dos transformadores revistos ou reparados em oficinas especializadas.

A aprovação, respetivamente, da execução de trabalhos de identificação de cabos, de deteção de avarias e de ensaios de alta tensão é da competência de um emitente da subunidade operacional.

Os equipamentos ou aparelhos das instalações com divisórias celulares a submeter a ensaios de alta tensão devem ser separados das restantes instalações em tensão por dois espaços de separação, pelo menos um deles visível, do seguinte modo

a) separador e disjuntor;
b) separador e remoção de uma parte dos barramentos de ligação entre o separador e o(s) equipamento(s) em ensaio.

Só é permitido um espaço de fuga, desde que as facas divisórias estejam munidas de bainhas ou placas de isolamento elétrico e que a divisória não esteja montada horizontalmente de modo a não se poder fechar por si própria em caso de desbloqueio mecânico.

Nas instalações interiores em que não existam divisórias para células vizinhas, devem ser montados painéis ou ecrãs móveis ou as instalações adjacentes devem ser desligadas durante os ensaios de alta tensão dos equipamentos ou aparelhos nelas instalados.

Se uma extremidade de um cabo ou de uma instalação em que devam ser efectuados ensaios se situar fora do recinto da instalação, devem ser tomadas medidas para delimitar essa zona com faixas de vedação e sinalização de segurança. Durante todos os ensaios, as vedações assim efectuadas devem ser supervisionadas por uma pessoa com, pelo menos, autorização do grupo I, com formação específica para o efeito.

Se a outra extremidade do cabo a ensaiar com alta tensão estiver situada no interior de uma subestação eléctrica, de um ponto de alimentação ou de uma unidade de transformação, deve ser colocada sinalização de segurança do seguinte modo

a) na porta da cela (em vedações permanentes), quando a extremidade do cabo se encontra na cela;
b) em invólucro móvel temporário, efectuado para o efeito, quando a extremidade do cabo é retirada da célula (esta com invólucros permanentes instalados).

Se uma das extremidades do cabo estiver sobre um pilar de uma linha eléctrica aérea, é permitido obter um único espaço de corte visível nessa extremidade, desatando os cabos na extremidade e ligando-os rigidamente aos condutores da linha.

Se a linha eléctrica aérea tiver de ser reenergizada, os ensaios só podem ser realizados quando forem alcançadas as distâncias mínimas de proximidade entre os terminais terminais e os cabos da linha.

No caso das redes de cabos de baixa tensão, é permitido obter um espaço de corte visível retirando os fusíveis dos quadros de distribuição e montando em vez deles as tampas electro-isolantes de cor vermelha (pegas) e os indicadores de segurança.

Caso existam outras unidades de trabalho a laborar na zona de realização de ensaios de alta tensão ou de defectoscopia de cabos, estas devem ser retiradas a pedido do chefe de trabalhos para ensaios, sendo a interrupção dos trabalhos registada nas autorizações de trabalho das respectivas unidades.

Se a identificação ou a combustão forem efectuadas a partir do exterior das instalações, o autolaboratório deve ser delimitado com faixas de vedação, nas quais serão colocados, virados para o exterior, sinais de segurança com a inscrição "ESPERA! PERIGO DE CHOQUE ELÉCTRICO. ENSAIOS DE ALTA TENSÃO".

O condutor ou condutores dos dispositivos de curto-circuito que impedem o funcionamento da identificação ou deteção de anomalias, da medição da resistência de isolamento ou do ensaio de alta tensão devem ser retirados durante os trabalhos, só depois de se ter ligado o ou os condutores através dos quais a tensão é aplicada ao cabo em questão e só com a instalação de ensaio não fornecida.

A comutação para outras fases deve ser efectuada depois de a fase em que a tensão foi aplicada ter sido descarregada pela carga capacitiva e ligada à terra.

A descarga da carga capacitiva é feita através do reencontro das fases dos dispositivos em curto-circuito, apenas com a ajuda do pólo electroisolante.

Admite-se, no caso de instalações com elevada capacidade de ligação à terra ou no caso de cabos não ligados às instalações, um pólo de descarga electro-isolante, de dimensão correspondente à tensão aplicada, ligado à terra e tendo na extremidade ativa uma resistência que limita a corrente de descarga.

A descarga é feita tocando a instalação capacitivamente carregada com o pólo, primeiro por resistência e depois diretamente, permanecendo o pólo ligado para descarga até que os dispositivos de curto-circuito sejam instalados.

Após a conclusão dos testes, o curto-circuito será novamente instalado.

A remoção e a montagem do curto-circuito devem ser efectuadas por:

a) pessoal de serviço operacional;
b) o chefe de obra, se os curto-circuitos delimitarem a zona de trabalho e tiverem sido instalados por ele.

Os fios de ligação entre os terminais de alta tensão e o equipamento ou aparelho a ensaiar, provenientes de uma fonte independente, devem ser fixados de forma segura, de modo a evitar que balancem e se aproximem de instalações sob tensão próximas.

As distâncias entre os cabos de ligação e as instalações vizinhas devem ser pelo menos iguais às consideradas não perigosas.

Durante a instalação e a remoção do conetor de ligação, é proibido sacudir e esticar.

Se o condutor tiver um isolamento correspondente à tensão de ensaio e estiver blindado com uma grelha metálica, pode ser deixado no solo, desde que a grelha metálica esteja ligada à terra numa das extremidades.

As distâncias entre as partes condutoras de corrente do equipamento ou aparelho a submeter a um aumento de tensão a partir de uma fonte independente e as instalações adjacentes que permanecem sob tensão devem ser pelo menos iguais às estabelecidas nas regras para a tensão imediatamente superior à tensão aplicada.

A zona onde se efectua a queima de defeitos nos cabos ou o ensaio de alta tensão e que compreende o autolaboratório, o condutor de ligação e os equipamentos ou aparelhos sujeitos à queima ou ao ensaio deve ser limitada e vigiada por uma ou mais pessoas que terão exclusivamente essa tarefa.

As caixas são montadas pela equipa de trabalho que efectua a combustão ou os ensaios. Nas paredes, de cada lado, são colocados sinais de segurança com a inscrição "ESPERA! PERIGO. CHOQUE ELÉCTRICO. ENSAIOS DE ALTA TENSÃO".

Antes do início da queima de defeito do cabo ou do ensaio de alta tensão, o chefe da obra deve verificar pessoalmente se foram tomadas as medidas necessárias em matéria de SST, se o pessoal que efectua outros trabalhos foi evacuado, se as pessoas responsáveis pela supervisão da zona de ensaio estão no seu lugar, se a pessoa que se encontra na extremidade oposta do cabo ou noutra sala está no seu lugar e sabe que o trabalho vai começar.

Depois de os membros da equipa de trabalho de queima ou de ensaio terem ocupado os seus lugares, o chefe de trabalho chamará nominalmente e perguntará se estão prontos para começar o trabalho e, depois de confirmar cada um deles, avisá-los-á com as palavras "VOLTAGEM APLICADA!" pronunciadas em voz alta e fechará ou fechará o interrutor ou aquecedor através do qual a instalação de ensaio de combustão é alimentada.

Após a conclusão da combustão final ou do ensaio, a instalação deve ser visivelmente separada da alimentação eléctrica, a instalação ensaiada ou o cabo em que o defeito foi queimado deve ser descarregado da carga capacitiva e os dispositivos de curto-circuito devem ser novamente instalados.

Após estas operações, o chefe da obra avisa em voz alta: "Ele está sem tensão!"

Durante as operações de ensaio de combustão, o pessoal não deve aproximar-se da tomada de ligação à terra nem dos cabos a ela ligados.

Nos casos em que o pessoal de vigilância e segurança se encontre disperso por grandes distâncias e não seja possível receber os avisos do chefe de trabalho acima referidos, serão utilizadas estações de rádio de receção de radiodifusão.

Durante a identificação dos traçados dos cabos ou a determinação do local do defeito no cabo, o pessoal que efectua as operações no traçado do cabo tomará todas as medidas para evitar acidentes não eléctricos e acidentes de circulação. Será dotado de um equipamento de visualização no percurso.

3.5. TRABALHOS NOS CIRCUITOS SECUNDÁRIOS

Os trabalhos nos circuitos secundários dos sistemas de proteção através de relés, automatismos, comandos, sinais, medições, telecomunicações, telemecanizações e sistemas automatizados de processamento de dados devem ser executados com base na autorização de trabalho ou na ITI - SST.

Os trabalhos em circuitos secundários que exijam a entrada em instalações primárias a distâncias inferiores às vizinhas devem ser efectuados com a libertação dessas partes das instalações primárias.

A equipa de trabalho para a execução de obras em circuitos secundários deve, em geral, ser composta por duas pessoas, uma das quais deve possuir, pelo menos, o terceiro grupo de autorizações.

A equipa constituída da forma acima descrita também executará trabalhos de desmontagem-reconfiguração de dispositivos de medição, controlo, proteção, sinalização e automação de circuitos secundários de algumas instalações primárias sob tensão.

Quando se efectuam trabalhos em circuitos secundários, devem ser previstas medidas para a delimitação material da zona de trabalho, de modo a que apenas se destaquem as instalações em que se efectuam trabalhos, em relação àquelas em que não se efectuam trabalhos. Se existirem circuitos e elementos relacionados que não sejam os do(s) quadro(s) em que se está a trabalhar, estes não serão delimitados, mas apenas o quadro no seu conjunto.

Os trabalhos de verificação nas instalações dos circuitos secundários devem, em regra, ser efectuados sem interrupção da tensão de funcionamento em CC e CA e das tensões e correntes de medição, desde que o pessoal utilize ferramentas electroisolantes ou electroisoladas e meios individuais de proteção electroisolante.

Na zona onde se trabalha com painéis de circuitos secundários, devem ser utilizados sapatos ou tapetes electro-isolantes fixos ou portáteis.

Os trabalhos nos circuitos secundários que exijam o desligamento da tensão só devem ser efectuados depois de verificada a ausência de tensão, com o detetor de baixa tensão ou outros aparelhos de medição.

Durante o trabalho, a interrupção dos circuitos secundários dos transformadores de corrente em carga só deve ser efectuada após o seu pré-circuito de curto-circuito através dos blocos de ensaio ou fazendo pontes com braçadeiras especialmente previstas para o efeito, de modo a que os secundários dos transformadores de corrente fiquem permanentemente fechados.

Após a realização deste curto-circuito, são proibidos os trabalhos nos circuitos secundários dos transformadores de corrente entre os terminais e o bloco de ensaio ou os grampos de curto-circuito.

3.6. REALIZAÇÃO DE MEDIÇÕES COM DISPOSITIVOS PORTÁTEIS

As medições com aparelhos portáteis em instalações eléctricas de baixa e alta tensão são efectuadas direta ou indiretamente no secundário dos transformadores existentes nas instalações.

As medições são autorizadas com os transformadores de medição instalados provisoriamente, mas apenas com base na autorização de trabalho, na qual devem ser especificamente estabelecidas as medidas de proteção do trabalho a tomar.

As medições directas em instalações de baixa tensão com aparelhos portáteis (amperímetro, voltímetro, kit de wattímetro, medidor padrão e pinça amperimétrica) podem ser efectuadas, consoante o caso, com base na ITI - SST, nas tarefas de trabalho ou na indicação verbal.

A equipa mínima de trabalho para estas medições deve ser constituída por dois electricistas, tendo o chefe de obra, pelo menos, o grupo de autorização III.

As medições da continuidade dos fusíveis dos circuitos de tensão e as medições da tensão nos consumidores podem ser efectuadas por um eletricista com um mínimo de autorização do grupo III.

O eletricista deve estar equipado, durante a ligação ao circuito primário ou secundário, com luvas de isolamento elétrico "classe 0 ou 00", capacete de proteção da cabeça e viseira de proteção do rosto e utilizar ferramentas electroisolantes ou electroisoladas.

Nas subestações de energia e nas unidades de transformação, serão utilizadas adicionalmente sapatas electroisolantes ou tapetes electroisolantes.

Não é permitida a utilização de clipes de crocodilo em circuitos eléctricos.

As medições directas com o megôhmetro em instalações (equipamento elétrico, cabos, etc.) devem ser efectuadas, conforme adequado, com base na ITI - OHS, como ou na descrição verbal, nas seguintes condições

a) a instalação em causa deve ser separada eletricamente e descarregada da carga capacitiva antes de cada medição;

b) os outros trabalhos na instalação em causa devem ser interrompidos e o pessoal evacuado, permanecendo na zona apenas os executantes da medição. Se a instalação em medição for separada por separação de cabos, por separação de condutores da aparelhagem ou por desmontagem de uma parte de barras do resto da instalação que permaneça ligada à terra e em curto-circuito, o trabalho nessas áreas de trabalho pode continuar durante a medição do megôhmetro na instalação desvinculada;

c) nos pontos acessíveis das instalações em que são efectuadas as medições e que não estão confinadas, em locais não trancados, deve ser colocado pessoal de segurança;

d) a equipa de trabalho deve ser constituída, no mínimo, por dois electricistas, um dos quais deve possuir, pelo menos, uma autorização do grupo III;

e) o eletricista que aplica os condutores do megôhmetro ao elemento de ensaio e que possui, pelo menos, autorização do grupo II deve usar luvas isolantes e sapatos ou tapetes electro-isolantes;

f) é proibido tocar nos terminais da água testada, nos cabos ou na instalação antes de descarregar a carga capacitiva.

As medições directas em instalações de alta tensão com pinças amperimétricas e as verificações do indicador de concordância de fases devem ser efectuadas por dois electricistas, um dos quais deve possuir,

pelo menos, autorização do grupo III, que tenham recebido instruções para o fazer, tomando as seguintes medidas
   a) a utilização de luvas isolantes eléctricas "classe 1-4", sapatos ou tapetes electro-isolantes, capacete de proteção da cabeça e viseira de proteção facial;
   b) manter distâncias mínimas entre os electricistas que efectuam as medições e as partes sob tensão;
   c) o manuseamento da pinça ou do indicador, sem ultrapassar o interrutor de fim de curso e sem o apoio de tais estênceis ou partes metálicas da instalação;
   d) assegurando um equilíbrio estável do operador e uma posição confortável durante a medição.

3.7. FUNCIONA COM BATERIA ESTACIONÁRIA

O trabalho nas baterias de baterias é efectuado com base num dos formulários previstos nas regras específicas, por pessoal especialmente formado em manutenção-reparação ou serviço operacional.

A equipa de trabalho mínima para os trabalhos de reparação deve ser constituída, em regra, por duas pessoas, com os grupos III e I, respetivamente, para a autorização.

Trabalhos de manutenção simples, tais como: Amostragem da densidade do eletrólito, tensão por elemento, limpeza externa do óxido nos terminais, lubrificação dos mesmos com massa lubrificante, limpeza da humidade (condensação) das superfícies externas dos vasos e dos isoladores de suporte, Manobras de um elemento da bateria que tenha perdido eletrólito por fissuração do vaso, etc. podem ser realizadas por apenas uma pessoa, tendo no mínimo autorização do grupo II.

Para a manutenção e reparação de células de bateria, o pessoal deve estar equipado e utilizar equipamento de proteção adequado, como se segue:
   a) meios de proteção individuais electro-isolantes (luvas e tapetes ou botas de borracha) e um capacete com viseira de proteção, em caso de trabalho em contacto com a corrente;
   b) os meios de proteção contra o eletrólito (viseira para proteção do rosto, avental de proteção, botas e luvas de proteção), no caso de trabalhos relativos ao conteúdo dos recipientes das baterias.

Ao efetuar os trabalhos de reparação da bateria, devem ser respeitadas as regras específicas adequadas.

É proibido armazenar alimentos e guardá-los na sala das baterias, bem como utilizar para beber os recipientes em que se encontram substâncias químicas.

As pausas, por mais curtas que sejam, devem ser feitas ao ar livre e, antes das refeições, lavar bem as mãos e enxaguar a boca. Após o trabalho, o pessoal deve lavar-se cuidadosamente (incluindo a limpeza dos dentes).

Os compartimentos em que estão instaladas células de bateria ou armários especiais que contêm células de bateria, exceto os das centrais eléctricas subterrâneas e subestações, devem estar permanentemente trancados, devendo as chaves estar na posse do pessoal do serviço operacional dessa instalação.

Esses compartimentos ou armários devem ser dotados de ventilação natural ou, se a situação o exigir, de ventilação mecânica.

No caso de ventilação mecânica, os compartimentos ou armários das baterias devem ser periodicamente ventilados de modo a garantir que os gases e as partículas de eletrólito sejam permanentemente descarregados, especialmente durante o período de carga da bateria.

A ventilação mecânica será colocada em funcionamento (ou seja, a abertura através da qual é efectuada a ventilação natural será totalmente accionada) ao iniciar a carga da bateria (ou ao ferver o eletrólito, no caso de sistemas de carga tampão), bem como no início dos trabalhos na bateria, e será retirada de funcionamento (abertura reduzida) não antes de decorridos 90 minutos após o fim da carga, ou seja, imediatamente após a paragem dos trabalhos. A este respeito, devem ser observadas as disposições das regras de prevenção, extinção e equipamento contra incêndios.

Em caso de desativação da ventilação mecânica, a carga ocasional da bateria deve ser interrompida.

Nas salas onde se encontram baterias, armários de baterias ou materiais de baterias, é proibido fumar e entrar com fogo.

Ao efetuar trabalhos em partes sob tensão (barras, terminais, circuitos) de baterias com uma tensão nominal superior a 24 V, aplicam-se as medidas técnicas e organizacionais adequadas ao método de trabalho sob tensão em contacto previsto nestas regras específicas.
É proibido tocar simultaneamente em partes sob tensão de polaridades diferentes.

O trabalho com fogo aberto (chama) nas salas de baterias só é permitido nas seguintes condições

a) a admissão ao trabalho deve efetuar-se, pelo menos, duas horas após o termo das operações de carga ou descarga, durante as quais a ventilação tenha funcionado ininterruptamente ou, na sua falta, tenha sido assegurada uma ventilação natural através da abertura das portas e janelas;

b) o sistema de ventilação deve manter-se em funcionamento durante todo o trabalho. Se não houver ventilação, as janelas e as portas devem ser mantidas abertas. O retificador que alimenta a bateria será desligado até à conclusão dos trabalhos;

c) os trabalhos são efectuados por pessoas qualificadas, com base em autorização de trabalho e autorização de trabalho com fogo, emitidas pelo emitente.

O ácido sulfúrico deve ser armazenado em recipientes guardados em locais especialmente concebidos para o efeito e nos quais não seja permitido armazenar qualquer outro material, exceto água destilada.

Se não existirem salas especiais, a armazenagem é permitida, conforme adequado, na sala de baterias da bateria.

Os recipientes em que o ácido é armazenado (sulfúrico) devem ser hermeticamente fechados. Os de vidro devem ser protegidos em cestos com tampa e pegas para elevação e manuseamento.

Todos os recipientes que contenham ou se destinem a armazenar ácido, água destilada e ácido alcalino (soda) ou bórico devem ostentar inscrições com a designação clara da substância.

O transporte de recipientes que contenham ácido deve ser efectuado por duas pessoas, utilizando um dispositivo (maca), no qual o recipiente é fixado de forma segura a 2/3 da altura.

A transvase de ácido deve ser efectuada com dispositivos especiais ou com a ajuda de uma mangueira pelo método de sifonagem. Neste caso, é categoricamente proibido escorvar o sifão com a boca. A escorva é efectuada através do enchimento antecipado do tubo de sifão.

A preparação do eletrólito deve ser feita através da colocação do ácido com copos de vidro de 1,5-2 litros na taça de água destilada.

Nunca deitar água sobre o ácido durante a preparação do eletrólito.

As seguintes medidas devem ser observadas durante a preparação do eletrólito:

a) observar-se-á que a válvula de ácido vertida do copo é fina e ininterrupta. Durante o derrame, a solução será misturada continuamente;
b) a temperatura do eletrólito aspergido em recipientes de vidro deve ser continuamente monitorizada, não devendo exceder 40 °C;
c) um recipiente com a solução de neutralização deve ser colocado nas proximidades.

Ao manusear, transportar ou preparar o eletrólito ácido ou alcalino, o pessoal executante deve estar equipado com um fato ou avental anti-ácido, luvas e botas de proteção, viseira com queixo de proteção facial.

Este equipamento de proteção deve ser guardado em armários separados e, em caso algum, na sala de baterias ou na sala de baterias para ácido sulfúrico.

3.8. TRABALHOS SOBRE BATERIAS DE CONDENSADORES

Os condensadores devem ser transportados e mantidos em posição vertical com os terminais em curto-circuito e ligados ao reservatório. É proibido manusear os condensadores agarrando nos isoladores.

É proibido armazenar os condensadores ao sol, perto de fontes de calor ou perto de instalações eléctricas de alta tensão em funcionamento.

Em caso de armazenagem de condensadores em espaços interiores, estes devem estar isentos de riscos de incêndio e explosão.

Os condensadores com fugas de impregnante tóxico devem ser armazenados em película de polietileno. A impregnação tóxica que está a vazar cobrirá a serradura ou os resíduos têxteis e deve ser destruída de acordo com as instruções técnicas de trabalho.

A limpeza dos condensadores revestidos com impregnação tóxica é efectuada com solventes como o tricloroetileno ou a xilina. Isto deve ser feito de acordo com as instruções do fornecedor, tendo em conta que o tricloroetileno e a xilina são substâncias tóxicas e voláteis que podem entrar no corpo através da ingestão ou inalação de vapores.

Os condensadores que não tenham sido ligados à rede durante um longo período de tempo e os que são armazenados ou transportados para reparação terão os terminais em curto-circuito e ligados à caixa.

Na fase de montagem, os condensadores devem ter os terminais em curto-circuito e ligados ao depósito.

Os cavaletes isolados construtivamente do solo só podem ser ligados à terra durante o trabalho com a bateria através de uma faca separadora accionada com o poste elétrico.

No caso de condensadores montados no interior com material de impregnação tóxico, o sistema de ventilação será ligado antes de o pessoal entrar na sala.

É proibido tocar com as mãos fechadas nos condensadores que apresentam fugas de impregnante tóxico. Neste caso, devem ser utilizadas luvas de proteção.

Para evitar qualquer entupimento, em resultado da entrada acidental do agente tóxico no corpo, através da pele ou do sistema respiratório, devem ser seguidas as instruções do fornecedor.

Os trabalhos de manutenção e reparação das baterias de condensadores devem ser efectuados com base na autorização de trabalho e apenas com a remoção da tensão de todos os elementos da bateria no compartimento vedado em que estão instalados.

A sequência de manobras (operações) para a retirada de tensão das baterias de condensadores deve ser registada em instruções técnicas de trabalho, elaboradas e aprovadas pela unidade operadora.

3.9. OBRAS EM INSTALAÇÕES DE TELECOMUNICAÇÕES LIGADAS A REDES ELÉCTRICAS

Sistemas telefónicos (baixa e alta frequência)

Os trabalhos nos elementos de acoplamento (bobinas de acoplamento, condensadores de acoplamento, filtros separadores, etc.) serão efectuados com a tensão retirada na base da autorização de trabalho.

Os trabalhos nas instalações telefónicas de baixa e alta frequência, com exceção dos dispositivos de acoplamento, serão efectuados por pessoal de telecomunicações, com base na autorização de trabalho ou no ITI - SST, que preveja evitar o toque manual nos terminais com tensão perigosa do equipamento (no caso das estações telefónicas de baixa frequência, terminais primários e secundários dos transformadores de chamada, contactos das chaves de comutação, contactos e terminais do relé telefónico).

Os trabalhos nos filtros de acoplamento e nos descarregadores de filtros de acoplamento podem ser efectuados com base na autorização de trabalho e sem desenergização, com o pré-fecho dos separadores de terra dos filtros de acoplamento, verificando o seu correto fecho. Se estes separadores não fecharem corretamente, como no caso de trabalhos directos na ligação entre o filtro e o condensador (ou entre o filtro e o transformador de tensão capacitiva), deve ser montado um dispositivo de curto-circuito nesta ligação.

Na execução de trabalhos em instalações telefónicas, devem ser utilizadas ferramentas electroisolantes ou electroisoladas, e os aparelhos de medição e controlo, alimentados pela rede, serão ligados à terra em terminais especialmente concebidos para o efeito.

As instalações de proteção dos cabos telefónicos não devem ser tocadas até que a tensão seja verificada.

Ao colocar cabos e circuitos telefónicos nas paredes dos edifícios, os percursos dos circuitos eléctricos sob o reboco serão identificados e evitados.

Os locais de passagem e os espaços em redor dos equipamentos de telecomunicações devem estar sempre livres.

Instalações de transmissão-receção de rádio

Nas estações de rádio de tubos electrónicos, as caixas das estações devem ser ligadas ao nulo de proteção.

Durante as descargas atmosféricas, é proibido trabalhar na antena de receção de emissões de rádio.

Na execução dos trabalhos em instalações de telecomunicações ligadas a redes eléctricas, devem ser observadas as disposições das regras específicas correspondentes.

3.10. INSTALAÇÕES ELÉCTRICAS DE ILUMINAÇÃO

Instalações eléctricas de iluminação exterior

Os trabalhos de manutenção e de reparação da rede eléctrica e dos aparelhos de iluminação exterior devem ser efectuados com ou sem corte de tensão.

Se a linha aérea de iluminação eléctrica exterior estiver instalada em postes de uso comum com uma tensão de 6 - 20 kV, a linha de alta tensão pode permanecer sob tensão se a distância vertical entre as duas linhas (baixa e alta tensão) for de pelo menos 2 m. Neste caso, devem ser respeitadas as distâncias de proximidade prescritas e, aquando da montagem ou da substituição dos dispositivos de fixação nos postes das luminárias exteriores, estes não devem estar a menos de 2 m dos condutores da linha de alta tensão.

Na execução de obras em que a linha aérea de iluminação se encontre em postes de uso comum com outros circuitos condutores não isolados, o emitente e o chefe de obra devem determinar a necessidade de retirar de tensão os respectivos circuitos.

O controlo e a regulação dos automatismos de ligação e de desligamento da iluminação exterior serão efectuados sem os retirar da tensão, com base na ITI - OHS. Deve ser verificada previamente a ausência de tensão na caixa metálica do painel onde estão instalados os automatismos de ignição.

Os trabalhos em caixas de ignição para iluminação exterior devem ser efectuados com base na autorização de trabalho ou na ITI - SST e devem ser tomadas as seguintes medidas

a) A separação eléctrica será feita retirando os fusíveis relativos à coluna (cabo) de alimentação da iluminação exterior, do quadro de distribuição do grupo de transformação e ligando esta coluna (cabo) à terra e em curto-circuito. No caso de existirem vários pontos de ignição na mesma zona ou localidade, as redes de iluminação exterior devem também ser separadas nos primeiros pontos de separação visíveis;

b) separação eléctrica do circuito do comando e da ligação à terra e curto-circuito nos pontos de ignição adjacentes, se a iluminação e a extinção da iluminação pública forem comandadas à distância.

Durante a execução de trabalhos em instalações de iluminação sem que a respectiva tensão esteja desligada, os electricistas devem cumprir o disposto no artigo 146.º das presentes normas específicas, estar equipados e utilizar equipamentos e ferramentas de proteção individual específicos para trabalhos em tensão em contacto (capacete de proteção da cabeça com viseira de proteção facial, luvas e calçado de isolamento elétrico, ferramentas electroisolantes ou electroisoladas).

Para proteção contra as radiações ultravioletas emitidas pela fonte de iluminação, os electricistas utilizarão óculos de proteção ou viseiras específicas para o efeito.

Na execução das outras categorias de trabalhos próprios das instalações de iluminação (plantação-desmontagem de postes, estiramento-aperto de condutores eléctricos aéreos ou de cabos subterrâneos), devem ser respeitadas as disposições das normas específicas.

Instalações eléctricas de iluminação interior

Os trabalhos de iluminação das salas (escritórios, corredores, salas de controlo, etc.) devem ser executados por electricistas, com autorização, pelo menos, do grupo I, com base nas funções de trabalho ou na designação verbal.

Os trabalhos de iluminação em salas de ligação, subestações eléctricas interiores, salões, auditórios, anfiteatros, etc. são realizados com base no ITI - SST e nas funções de trabalho.

Pelo menos um membro do grupo de trabalho deve ser titular do grupo de autorização III.

Para a realização de trabalhos sem tensão de desmontagem de instalações de iluminação interior, os electricistas devem respeitar as regras específicas, estar equipados e utilizar ferramentas e equipamentos de proteção individual adequados aos trabalhos sob tensão em contacto.

Para a realização de trabalhos em instalações de iluminação eléctrica em altura, devem ser respeitadas as disposições específicas deste ambiente de trabalho, utilizando máquinas e meios de proteção adequados.

Os trabalhos nas instalações de iluminação eléctrica situadas nas salas de ligação das subestações eléctricas e nos grupos de transformação internos situados a distâncias de proximidade inferiores às normais devem ser realizados com medidas adequadas.

3.11. EXECUÇÃO DE TRABALHOS EM CASO DE INCIDENTES NAS INSTALAÇÕES ELÉCTRICAS

Os trabalhos de prevenção e reparação das consequências de incidentes (perturbações) nas instalações eléctricas devem ser executados pelo pessoal que explora as respectivas instalações com base nas suas funções de trabalho e pelo pessoal de manutenção de reparações com base na autorização de trabalho, ITI - SST ou indicações verbais.

O trabalho efectuado em caso de incidentes (perturbações) pelo pessoal do serviço operacional deve constar da lista aprovada pelo chefe da unidade (subunidade).

Os trabalhos a efetuar pelo pessoal de manutenção e reparação sob a responsabilidade do ITI - SST ou por ordem verbal devem constar das listas aprovadas pelo chefe da unidade (subunidade).

Ao efetuar a prevenção e a reparação das consequências dos incidentes (perturbações), serão observadas as medidas técnicas que lhes são específicas.

É proibido efetuar trabalhos nas coroas das linhas eléctricas aéreas de baixa tensão, subindo diretamente aos postes, no caso de postes metálicos, de betão ou de madeira a eles equiparados, sem retirar a linha da tensão.

Os trabalhos em linhas eléctricas aéreas sobre os pilares referidos no número anterior, sem retirar a linha da tensão, devem ser efectuados a partir do cesto da auto-máquina, da autoestrada ou da escada. Na utilização da escada, serão observadas as regras específicas para trabalhos em altura.

Os trabalhos em elementos colocados sobre as linhas eléctricas aéreas de baixa tensão sob tensão devem ser efectuados a partir do cesto do carro ou da autoestrada.

Durante a execução de trabalhos em tensão nas coroações de linhas aéreas de baixa tensão com suportes, deve ser verificada a ausência de tensão na consola, com o detetor de tensão ou com um dispositivo de medição. Quando a tensão é encontrada na consola, a linha de alimentação deve ser removida e a falha que causou a energização da consola deve ser corrigida, tomando todas as medidas de segurança específicas do trabalho.

Nos casos seguintes, os trabalhos devem ser efectuados com a linha desligada:
   a) os elementos que estão a ser trabalhados estão situados entre as fases da linha de baixa tensão;
   b) não podem ser respeitadas as distâncias mínimas de proximidade autorizadas em relação às linhas de alta tensão em postes comuns;
   c) a existência de outras condições perigosas para o pessoal que executa o trabalho.

O trabalho em linhas eléctricas aéreas em postes de madeira ou de betão visivelmente afectados (danos, impacto, etc.) só é permitido a partir do cesto da máquina automática, na autoestrada ou na escada. Neste último caso, o poste será reforçado, antes do início dos trabalhos, por dispositivos de apoio ou de ancoragem.

A substituição dos fusíveis da catenária, sem que a tensão seja retirada, deve ser efectuada nas seguintes condições, para além das anteriormente previstas:

a) não há mais de quatro ramos nesse pilar;
b) retirar, previamente, os fusíveis do ramal ou do quadro de distribuição do assinante, verificando também a inexistência de quaisquer derivações improvisadas dos mesmos.

A substituição dos fusíveis de alta tensão das unidades de pós-transformação deve ser efectuada de acordo com as instruções desenvolvidas pelas unidades, em função dos seus tipos de construção e equipamentos.

Durante a execução de trabalhos noturnos ou em condições de fraca visibilidade, o local de execução dos trabalhos deve estar suficientemente iluminado e devem ser utilizados na via pública sinais de trânsito, triângulos de aviso e/ou faróis rotativos em veículos a motor especiais.

Nas instalações exteriores, em caso de chuva forte, nevão, neblina, baixas temperaturas, é permitido efetuar os trabalhos necessários para remediar as consequências dos incidentes (perturbações). Estes trabalhos não serão efectuados durante as descargas atmosféricas.

A ligação dos grupos electrogéneos móveis às instalações de baixa tensão só deve ter lugar após a separação da instalação a alimentar do resto da rede eléctrica.

A reparação de avarias na unidade geradora só deve ser efectuada após separação visível da instalação de baixa tensão que alimenta e com o motor primário desligado, com a chave de ignição bloqueada.

3.12. INSTALAÇÕES ELÉCTRICAS PARA O FORNECIMENTO DE ELECTRICIDADE AOS CONSUMIDORES

Para realizar trabalhos nos fios de ligação ou nas caixas de distribuição alimentadas por cabos eléctricos subterrâneos (radiais ou por entrada-saída), a separação eléctrica deve ser feita a partir das extremidades dos respectivos cabos nas caixas de onde chegam.

No caso de linhas de ligação ou caixas de distribuição alimentadas por uma ligação aérea, a separação eléctrica deve ser efectuada a partir do primeiro ponto de separação visível a montante.

No caso dos nichos secundários (pálidos), a separação eléctrica é efectuada a partir do ramal principal (nichos do bloco geral) até ao ponto de separação visível da coluna colectiva.

No caso das obras mencionadas no presente capítulo, o limite das zonas de trabalho deve coincidir com o limite da separação eléctrica.

No caso de trabalhos nas colunas eléctricas, a separação eléctrica deve ser efectuada nas extremidades das colunas a partir da fonte de alimentação:

a) separação visível do ramo a montante;
b) montagem de tampas (no caso de fusíveis roscados) ou de pegas electro-isolantes (no caso de fusíveis de elevada potência de rutura), coloridas a vermelho em vez das almofadas de segurança removidas.

Quando os dois electricistas da equipa de trabalho, um dos quais com um mínimo de autorização do grupo III, trabalham nas extremidades da coluna, o eletricista com o grupo de autorização mais elevado trabalhará nos nichos a partir da fonte.

Quando o trabalho é interrompido, a porta com fio da fonte bloqueia-se.

A verificação das centrais eléctricas novas e em serviço deve ser efectuada em conformidade com as seguintes regras

a) as distâncias de proximidade mínimas previstas nas regras específicas devem ser mantidas nas instalações de alta tensão em funcionamento;
b) nas instalações de baixa tensão em funcionamento, devem ser efectuadas medições da resistência de isolamento, das medidas de proteção, etc.

Ao ligar o ramal, com a tensão retirada, se o poste ao qual se vai ligar a ligação for comum a outras linhas eléctricas, estas linhas também serão retiradas da tensão.

As linhas de 6 a 20 kV com uma distância vertical mínima de 2 m em relação à linha de baixa tensão a intervir, bem como as linhas de contacto para os transportes públicos, estão isentas.

A substituição de contadores sob tensão em contacto com ou com separação eléctrica é efectuada com base na ITI - OHS.

3.13. TRABALHO EM ALTURA

A organização, a execução dos trabalhos em altura e o salvamento em altura devem respeitar as regras específicas de SST para os trabalhos em altura.

As pessoas que organizam os trabalhos de acordo com as obrigações previstas nas regras específicas de SST para os trabalhos em altura devem ter em conta as especificidades da instalação eléctrica a intervir, a tecnologia a aplicar e os equipamentos específicos, respetivamente os dispositivos específicos a utilizar.

As máquinas, os dispositivos e os equipamentos de proteção individual - EPI referidos nas presentes regras específicas devem ser utilizados para subir, descer e trabalhar em altura, consoante o caso.

A escolha dos EPI (os componentes do sistema de proteção contra as quedas de altura) é da responsabilidade da pessoa que organiza o trabalho e do chefe de obra.

Durante a subida, a execução de trabalhos e a descida de uma altura, o executante deve assegurar-se sempre contra as quedas tendo em conta o suporte sobre o qual sobe (pilar, escada, andaime, estacaria, transformador, etc.) e as suas características, o local de trabalho (consola, régua, isolador, etc.) e o equipamento existente.

Para evitar quedas de altura durante a subida e a descida, o artista deve

a) estar equipado com um cinto complexo com um dispositivo anti-queda (anel traseiro ou frontal) ligado a um travão de queda deslizante;

b) fixar o suporte flexível de ancoragem a partir do solo, utilizando uma vara especial, num ponto mecanicamente resistente e a uma certa altura, e engatar-lhe o batente deslizante;

c) subir pelo método dos três pontos (duas mãos e um pé ou dois pés e uma mão), utilizando para o acesso cavilhas ou postes metálicos treliçados, alvéolos de postes de betão pré-comprimido (se cumprirem as regras específicas), escadas construídas ou apoiadas, ou

d) prevenir a queda por meio de um dispositivo de ligação de posicionamento (corda de regulação do comprimento ou de comprimento fixo) antes de efetuar qualquer ação que implique a utilização das mãos para um fim diferente da subida e da descida (localização de um batente retrátil, deslocação do gancho do suporte flexível de amarração ou execução de um trabalho);

e) O comprimento do dispositivo de ligação de posicionamento, com ou sem dispositivo de regulação, deve ser escolhido ou ajustado de modo a que a altura da queda não seja superior a 0,5 m;

f) repetir, se for caso disso, as operações anteriores sucessivamente até atingir o nível (quota) a que devem trabalhar ou deslocar-se horizontalmente.

A segunda pessoa que subir com o objetivo de participar nos trabalhos deve utilizar o seu próprio dispositivo anti-queda e fixá-lo ao mesmo suporte flexível de amarração.

É proibido utilizar o mesmo suporte de amarração por duas ou mais pessoas ao mesmo tempo.

Quando se utiliza uma escada extensível até à altura requerida, cujo elemento lateral é também um suporte de fixação rígido equipado com um travão de queda, o operador deve fixar o anel frontal do cinto complexo a este último, antes de iniciar a subida.

No caso da utilização de uma escada simples ou deslizante (extensível) apoiada no solo, o executante deve, em primeiro lugar, proteger a escada contra a inclinação ou o deslizamento e subir ou descer sobre ela depois de ter previamente ancorado o suporte de ancoragem flexível e no qual fixou o seu batente com deslizamento do seu próprio cinto complexo.

Para deslocações horizontais em altura e para a execução de trabalhos em que exista um ponto de fixação mecanicamente resistente acima do local de trabalho, o empreiteiro deve
   a) fixação de um batente retrátil a este ponto por meio de uma peça de ligação;
   b) para ligar a extremidade do cabo de paragem ao anel traseiro ou frontal do seu cinto complexo;
   c) assim fixado, deslocar-se horizontalmente (na consola, régua, etc.) para o local de trabalho (isolador, pinça condutora, etc.).

Para se deslocar horizontalmente e efetuar trabalhos em que não exista um ponto de fixação mecanicamente resistente acima do local de trabalho, o empreiteiro deve utilizar, conforme adequado, um dos seguintes métodos
   a) proteger contra a queda da consola de um terceiro pilar, passando por cima de uma das barras de ligação uma biela (corda) de comprimento regulável acoplada aos dois anéis laterais da correia de posicionamento (componente da correia complexa);
   b) a fixação do suporte flexível de ancoragem por meio de uma vara especial num ponto mecanicamente resistente no topo do suporte; a instalação de um batente de deslizamento no suporte de ancoragem, de modo a que este bloqueie quando se puxa o seu olhal de aperto em direção à base do suporte; a fixação do olhal de retenção a um ponto de ancoragem mecanicamente resistente localizado na base do suporte e o tensionamento do suporte flexível de ancoragem puxando a extremidade livre do suporte;
   c) um meio de ligação de comprimento fixo ou regulável, acoplado aos dois anéis laterais do cinto de posicionamento, deve passar por cima deste suporte de fixação;
   d) a utilização de dois meios de ligação (cordas) de comprimento fixo ou regulável, acoplados a um dos anéis laterais do tapete de posicionamento, que o operador passa sucessiva e alternadamente sobre (entre) os fechos da consola, da régua, etc., à medida que o

movimento em direção ao local de trabalho é efectuado (utilização de duas cordas fixas como obstáculos de passagem).

Para as três variantes acima indicadas, deve ser utilizado o meio de ligação cujo comprimento ajustado ou escolhido garanta uma queda de vácuo inferior a 0,5 m.

Em alternativa, utilizando o método da escalada utilitária, no caso dos postes metálicos treliçados, o executor deve:

a) fazer num dos pés do pilar (que não o pé em que se vai subir) um ponto de execução (a cabeça do cabo) utilizando um meio de ligação, um mosquetão e um travão dinâmico através do qual passa o suporte flexível de ancoragem (cabo dinâmico);

b) para prender o mosquetão na extremidade do suporte de ancoragem flexível (corda dinâmica) ao anel frontal do seu próprio cinto complexo;

c) criar a partir dos laços de segurança (cordões com mosquetões) de 2 em 2 m, à medida que se sobe, pontos de segurança intermédios passando pelos respectivos mosquetões o suporte de ancoragem flexível; ao mesmo tempo, o segundo deve fornecer o suporte de ancoragem pelo travão dinâmico;

d) para evitar a queda com o meio de ligação de posicionamento (corda), logo que tenha atingido o nível (quota) do local de trabalho;

e) fixar o mosquetão na extremidade da ancoragem que se desprende da argola frontal num ponto mecanicamente resistente acima do local de trabalho;

f) para engatar, a fim de efetuar o trabalho, o batente com deslizamento para o suporte de ancoragem e o anel dianteiro da correia complexa.

O acesso de outra pessoa ao mesmo posto de trabalho é efectuado com o seu próprio cinto complexo com batente fixado ao suporte de ancoragem flexível já instalado. À medida que vai subindo, vai retirando o suporte flexível de fixação dos mosquetões intermédios do ponto de segurança.

É proibido utilizar o mesmo suporte de amarração por duas ou mais pessoas ao mesmo tempo.

Para o movimento horizontal, a fixação do suporte de ancoragem ao longo da consola, viga, etc. é efectuada pelo método de trepagem utilitária.

Durante a descida, os executantes devem utilizar o batente de deslizamento.

O último executante a abandonar o trabalho deve desmantelar o sistema de segurança contra as quedas de altura, efectuando as operações em sequência inversa.

Qualquer método ou variante utilizado para trepar, deslocar horizontalmente e baixar, incluindo o seguro contra quedas durante a execução das obras, deve ser pormenorizado numa instrução própria aprovada pelo chefe da unidade, que deve ser do conhecimento do pessoal de execução.

A subida direta aos postes por meio de ganchos é uma operação admissível, em última instância e apenas depois de o chefe de obra se ter convencido de que não é possível utilizar máquinas especiais ou escadas e de que o poste tem todas as garantias de estabilidade mecânica. Caso contrário, antes da execução do trabalho, este deve ser apoiado.

A escalada direta em postes de betão equipados com alvéolos só é permitida se estes tiverem sido construídos com a colocação de alvéolos de modo a que a distância em altura entre dois alvéolos permita uma caminhada confortável e a largura de qualquer alvéolo não seja inferior à sola do maior número de alvéolos.

Os postes ou aditamentos de madeira que apresentem um grau de apodrecimento pronunciado, os postes ou aditamentos de betão que apresentem fissuras longitudinais ou transversais pronunciadas e pontos específicos de corrosão da armadura, os postes metálicos que apresentem corrosão da nervura dos perfis de aço, devem ser claramente assinalados pelos seus responsáveis, para evitar que o pessoal se aperceba do perigo existente.

A subida nestes postes deve ser efectuada de acordo com regras específicas.

A determinação do estado de degradação dos pilares deve ser efectuada de acordo com as suas próprias instruções elaboradas para o efeito.

É proibido subir diretamente sobre postes de betão molhados ou cobertos. Nestes casos, a subida, a descida e a execução dos trabalhos devem ser efectuadas por meio de uma escada ou de máquinas especiais.

Durante os trabalhos em altura:

a) é proibido efetuar qualquer trabalho na fundação do pilar;
b) os executantes devem cumprir, durante a subida, o trabalho e a descida, as disposições das regras específicas, em conjugação com as disposições das regras específicas de SST para trabalhos em altura;
c) os membros do grupo de trabalho, incluindo os trabalhadores em regime de self-service e as pessoas responsáveis pelo controlo, devem estar sempre equipados com um capacete de proteção.

No ponto de trabalho em altura, só devem ser levantados os materiais estritamente necessários. As ferramentas necessárias para efetuar as diferentes operações devem ser guardadas em bolsas ou mangas especiais fixadas ao cinto de segurança.

As ferramentas, os dispositivos e os materiais serão subidos e descidos, conforme necessário, com a corda de ajuda, evitando que sejam projectados do solo para o local de trabalho ou vice-versa.

Durante os trabalhos, os executantes não devem colocar temporariamente quaisquer ferramentas, dispositivos ou materiais não fixados aos elementos das linhas eléctricas aéreas.

Aquando da realização de trabalhos na escada, deve considerar-se que esta está equipada com os sistemas previstos pelo fabricante contra o deslizamento, a abertura ou a inclinação.

Durante a passagem da escada para a consola do poste e vice-versa, incluindo o trabalho a partir da escada, o executante deve assegurar-se de que não cai.

É proibido efetuar troços de condutores a partir de escadas apoiadas.

É proibido submeter as escadas a um esforço suscetível de provocar a sua rutura ou o seu derrube, em violação das prescrições do seu livro técnico.

A pessoa que efectua os trabalhos na escada rebocável (escada de rodas de comando manual) deve estar protegida contra as quedas.

As escadas rebocáveis com pessoas a bordo não devem ser deslocadas.

Quando se utilizam escadas para trabalhos em altura:
a) as instruções de utilização do fabricante devem ser respeitadas;
b) as escadas devem ser controladas antes da sua utilização, sendo proibida a utilização das que não tenham degraus ou que estejam provisoriamente reparadas;
c) é proibido prolongar as escadas por meio de ligações improvisadas;
d) as escadas duplas devem ser protegidas contra aberturas acidentais e não devem ser utilizadas como escadas apoiadas;
e) As escadas duplas não devem ser deslocadas pelo executante da posição "de pé na escada" de um posto de trabalho para outro ou de um posto de trabalho para outro dentro do mesmo posto de trabalho.

CAPITULO 4

EQUIPAMENTOS E MEIOS DE PROTECÇÃO INDIVIDUAL

4.1. EQUIPAMENTO DE TRABALHO INDIVIDUAL

O equipamento de trabalho individual - ETI inclui qualquer tipo de equipamento destinado a ser utilizado pelos trabalhadores para proteger o seu vestuário e calçado.

Vestuário

Fig. 4.1. Aluminiza traje

Fig. 4.2. Combinações antiquadas

Fig. 4.3. Fato impermeável

Fig. 4.4. Macacão de proteção

Fig. 4.5. Fato-macaco

Fig. 4.6. Coletes reflectores

Fig. 4.7. Luvas de inverno

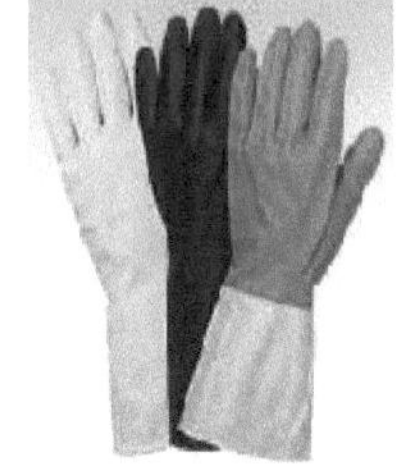

Fig. 4.8. Luvas de borracha PVC

Sapatos

Fig. 4.9. Botas

Fig. 4.10. Botas de proteção

4.2. EQUIPAMENTOS DE PROTECÇÃO INDIVIDUAL

Equipamento de proteção individual - o EPI inclui qualquer tipo de equipamento destinado a ser utilizado pelos trabalhadores com o objetivo de os proteger de um perigo para a saúde e segurança no trabalho.

Os equipamentos de proteção individual só devem ser utilizados depois de terem sido tomadas todas as outras medidas para evitar os restantes perigos potenciais (princípios de prevenção dos perigos).

Os equipamentos de proteção individual devem, em princípio, ser utilizados apenas por uma pessoa.

Proteção da cabeça

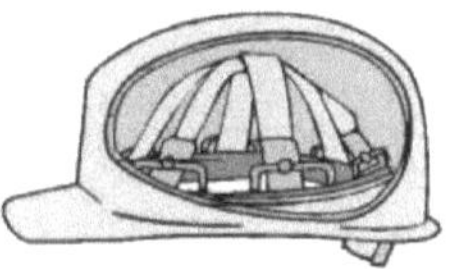 

Fig. 4.11. Capacete de segurança

Proteção dos ouvidos

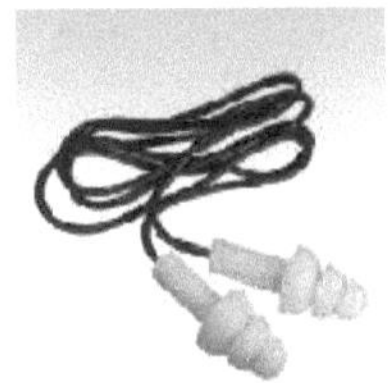 

Fig. 4.12. Anti-fones internos   *Fig. 4.13. Auscultadores anti-phon*

Proteção dos olhos e da cara

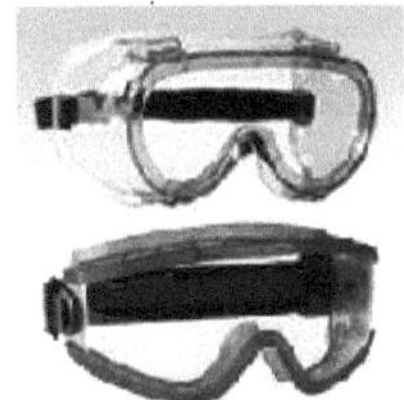 

Fig. 4.14. Óculos de proteção   *Fig. 4.15. Proteção da soldadura*

Proteção respiratória

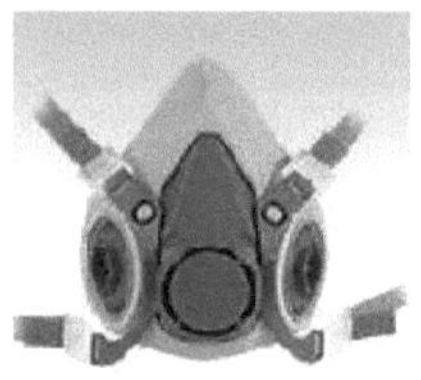

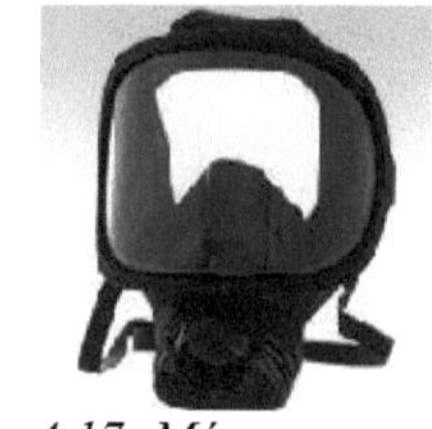

Fig. 4.16. Semi-casamento com filtro permutável

Fig. 4.17. Máscara completa

4.3. EQUIPAMENTOS DE PROTECÇÃO PARA TRABALHOS EM ALTURA

Concebido para proteger contra as quedas durante o processo de trabalho.

Proteção contra quedas

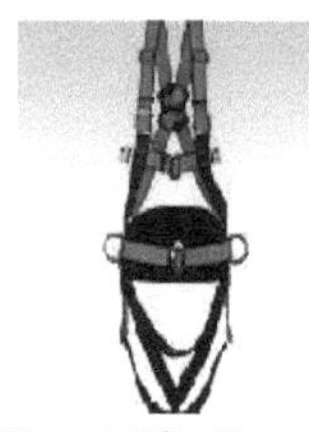

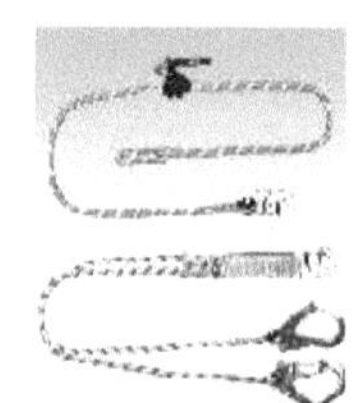

Fig. 4.18. Cinto de posicionamento

Fig. 4.19. Correia complexa

Fig. 4.20. Cordas de posicionamento

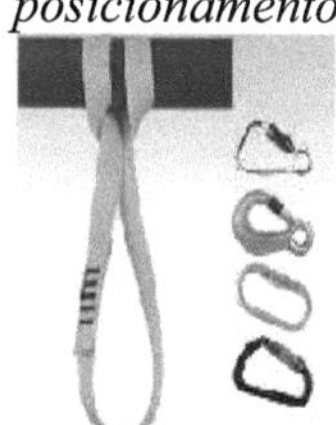

Fig. 4.21. Batente de queda

Fig. 4.22. Itens de guardar/auto-gravação

Fig. 4.23. Elementos de ancoragem

Fig. 4. 24. Leme da plataforma

Fig. 4.25. V ledder

4.4. MEIOS DE PROTECÇÃO ELECTROISOLANTES

Produtos destinados a proteger contra o risco de lesões causadas pela corrente eléctrica durante o funcionamento em instalações eléctricas.

Vestuário de isolamento elétrico

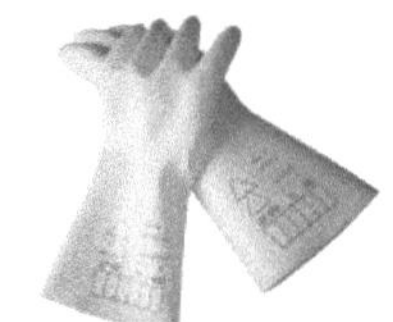

Fig. 4.26. Luvas de isolamento elétrico

Fig. 4.27. Luvas de isolamento elétrico

Fig. 4.28. Macacão (blusa) electroisolante

Fig. 4.29. Macacão(ões) electroisolante(s)

Fig. 4.30. Botas de isolamento elétrico

Fig. 4.31. Botas eléctricas

Equipamentos de proteção electroisolante para trabalhos sob tensão

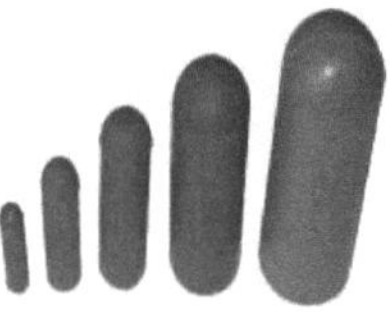

Fig. 4.32. Dedos electroisolantes

Fig. 4.33. Manga de isolamento elétrico

Fig. 4.34. Placa electroisolante

Fig. 4.35. Folha de isolamento elétrico

Fig. 4.36. Fusível da ficha falsa

Fig. 4.37. Tipo de MPR de fusível falso

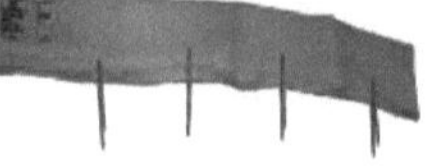

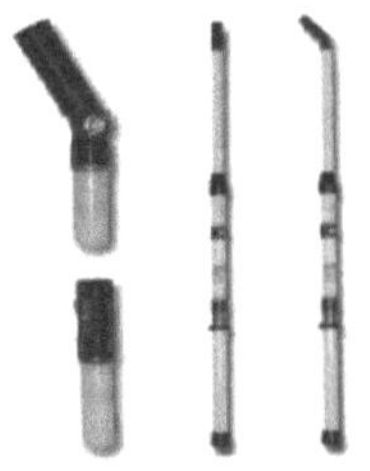

Fig. 4.38. Bainha de isolamento elétrico

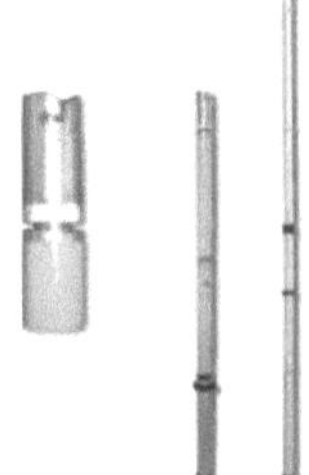

Fig. 4.39. Bainha de isolamento elétrico

Fig. 4.42. Poste elétrico telescópico

Fig. 4.43. Torradeira modular com isolamento elétrico

Equipamento de controlo da falta de tensão

Fig. 4.44. Detetor de tensão Média Tensão

Fig. 4.45. Detetor de tensão Média tensão, Alta tensão e Muito alta tensão

Fig.4.46. Detetor de tensão Baixa tensão

Ferramentas electroisolantes para trabalhos sob tensão

Fig. 4.47. Ferramentas de electroisolamento

4.5. MEIOS DE PROTECÇÃO CONTRA A ACÇÃO DO ARCO ELÉCTRICO E OS TRAUMATISMOS MECÂNICOS

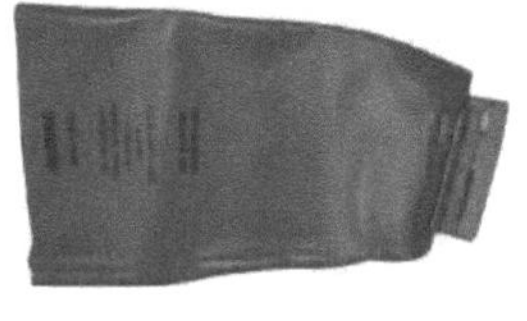

Fig. 4.48. Dispositivo MPR

Fig. 4.49. Capacete com viseira

4.6. MEIOS DE PROTECÇÃO DOS DISPOSITIVOS DE LIGAÇÃO À TERRA E DE CURTO-CIRCUITO

Dispositivos de curto-circuito

Fig. 4.50. Dispositivo móvel de ligação à terra trifásico para linhas eléctricas aéreas de média tensão

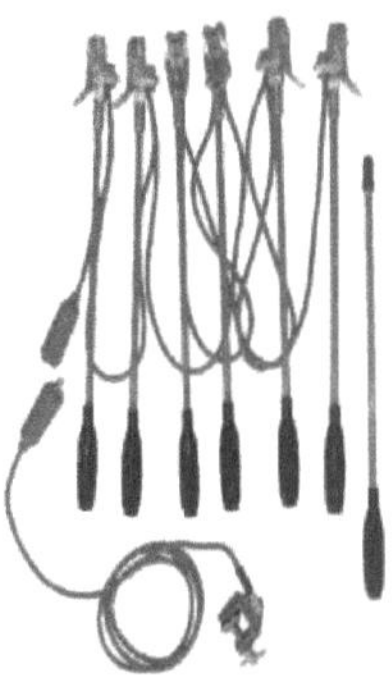

Fig. 4.51. Dispositivo móvel de ligação à terra para baixa tensão

Fig. 4.52. Dispositivo de ligação à terra monofásico para barramentos planos de instalações eléctricas com pinça clássica

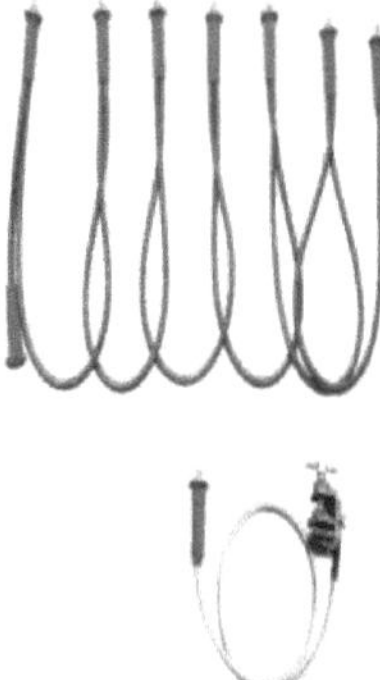

Fig. 4.53. Dispositivo móvel de ligação à terra e de curto-circuito para baixa tensão com isolamento (par trançado) para condutores OHL

4.7. MEIOS DE PROTECÇÃO PARA A DELIMITAÇÃO MATERIAL DA ZONA DE TRABALHO

Fig. 4.54. Sinais de segurança

Fig. 4.55. Caminhos de saída

Fig. 4.56. Chuveiro de segurança   *Fig. 4.57. Limpeza dos olhos*

Fig. 4.58. Centro de primeiros socorros   *Fig. 4.59. Strecher*   *Fig. 4.60. Telefone para primeiros socorros*

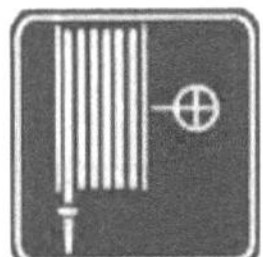   

Fig. 4.61. Mangueira de incêndio   *Fig . 4.62. Extintor de incêndio*   *Fig. 4. 63. Telefone de incêndio*   *Fig. 4.64. Direção a seguir*

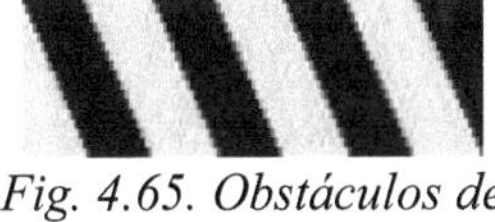 

Fig. 4.65. Obstáculos de sinalização   *Fig. 4.66. Sinalização de local perigoso*

Significado, descrição e ilustração dos gestos de sinalização

Tabela 4.1. Gestos de sinalização

SIGNIFICADO	DESCRIÇÃO	ILUSTRAÇÃO

• INICIAR;
  ➢ Atenção;
  ➢ Início da execução da ordem.
	– Braços esticados horizontalmente com as palmas das mãos viradas para a frente	

• PARAR;
  ➢ Interrupção
  ➢ O fim da rotina.
	– Braço direito virado para cima com a palma da mão virada para a frente	

• O FIM DA OPERAÇÃO	– Mãos unidas ao nível do peito	
• RAISE	– O braço direito aponta para cima, com a palma da mão virada para a frente e descreve lentamente um círculo	
• DESCENDENTE	– O braço direito aponta para baixo, com a palma da mão para dentro, descrevendo lentamente um círculo	
• DISTÂNCIA VERTICAL	– A distância necessária com as mãos deve ser indicada	
• AVANÇAR	– Os braços estão dobrados, com as palmas das mãos viradas para cima; – Os antebraços movem-se	

	lentamente em direção à parte superior do corpo.	
• VOLTAR	– Os braços estão dobrados, com as palmas das mãos viradas para baixo; – Os antebraços movem-se lentamente em direção à parte inferior do corpo.	
• Para a DIREITA em relação ao agente de sinalização	– O braço direito esticado, aproximadamente na horizontal, com a palma da mão virada para baixo; – Movimentos lentos da lança para a direita.	
• Esquerda em relação ao agente de sinalização	– O braço esquerdo esticado, aproximadamente na horizontal, com a palma da mão virada para baixo; – Movimentos lentos do braço para a esquerda.	
• DISTÂNCIA HORIZONTAL	– Indicar com as mãos a distância necessária.	
• PERIGO - paragem de emergência ou paragem.	– Ambos os braços virados para cima com as palmas das mãos viradas para a frente.	

• MOVIMENTOS RÁPIDOS	– Os gestos codificados que controlam os movimentos devem ser executados rapidamente.	
• MOVIMENTOS LENTOS	– Os gestos codificados que comandam os rnices devem ser executados muito lentamente.	

Fig. 4.67. Sinais de proteção e segurança

CAPÍTULO 5

METODOLOGIAS DE AVALIAÇÃO/AUDITORIA DOS RISCOS PROFISSIONAIS

5.1. METODOLOGIA PARA A AVALIAÇÃO DOS RISCOS DE ACIDENTES E DOENÇAS PROFISSIONAIS - INSTITUTO NACIONAL DE INVESTIGAÇÃO E DESENVOLVIMENTO DA SEGURANÇA NO TRABALHO - N.R.D.I.O.S. BUCARESTE

5.1.1. Premissas teóricas

A. A relação risco-segurança

Na terminologia especializada, a segurança humana no processo de trabalho é considerada como o estado do sistema de trabalho no qual a possibilidade de lesões e doenças profissionais é excluída.

Na linguagem comum, a segurança é definida como estar a salvo de qualquer perigo e o risco como a possibilidade de entrar em perigo, perigo potencial.

Se tivermos em conta os significados habituais destes termos, podemos definir segurança como o estado do sistema de trabalho em que o risco de lesões e doenças é zero.

Por conseguinte, segurança e risco são duas noções abstractas, contrárias e mutuamente exclusivas.

Na realidade, devido às características de qualquer sistema de trabalho, esses estados de carácter absoluto não podem ser alcançados.

Não existe nenhum sistema em que o perigo potencial de lesão ou doença esteja completamente excluído; existe sempre um risco "residual", mesmo que seja apenas devido à imprevisibilidade da ação humana.

Se não forem feitas intervenções correctivas ao longo do percurso, este risco residual aumenta à medida que os elementos do sistema de trabalho se degradam através do "envelhecimento".

Por conseguinte, os sistemas podem ser caracterizados por "níveis de segurança" ou "níveis de risco" como indicadores quantitativos dos estados de segurança e de risco, respetivamente.

Definindo a segurança como uma função de risco y = f(x), em que $y = \dfrac{1}{x}$ pode dizer-se que um sistema será tanto mais seguro quanto menor for o nível de risco e mútuo.

114

Assim, se o risco for zero, resulta da relação entre as duas variáveis que a segurança tende para infinito, e se o risco tende para infinito, a segurança tende para zero *(figura 5.1)*:

$$y = \frac{1}{0} \to +\infty; \quad y = \frac{1}{+\infty} \to 0 \,.$$

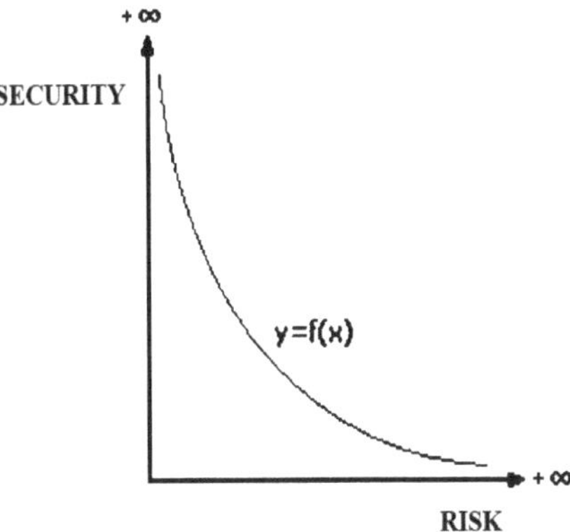

Fig. 5.1. A relação risco-segurança

Neste contexto, deve ser permitido, na prática, um limite mínimo de risco, ou seja, um nível de risco diferente de zero, mas suficientemente pequeno para ser considerado seguro, bem como um limite máximo de risco, que é equivalente a um nível de segurança tão baixo que o sistema deixa de poder funcionar.

B. A noção de risco aceitável

O risco foi definido na literatura sobre segurança no trabalho como a probabilidade de, num processo de trabalho, ocorrer um acidente ou uma doença profissional, com uma determinada frequência e gravidade das consequências.

Com efeito, se admitirmos um determinado risco, podemos representá-lo, em função da gravidade e da probabilidade das consequências, pela superfície de um retângulo F1, desenvolvido verticalmente; segue-se que a mesma superfície pode também ser expressa por um quadrado F2 ou por um retângulo F3 estendido horizontalmente *(figura 5.2)*.

Nos três casos, o risco é igualmente elevado. Por conseguinte, podemos atribuir aos casais a gravidade - probabilidade diferente, o mesmo nível de risco.

Se unirmos os três rectângulos por uma linha que passa pelos picos que não se encontram nos eixos coordenados, obtemos uma curva hipérbole-allure que descreve a ligação entre as duas variáveis: gravidade - probabilidade

Para a representação do risco por gravidade e probabilidade, a norma CEN-812/85 define essa curva como a curva de aceitabilidade do risco *(figura 5.3)*.

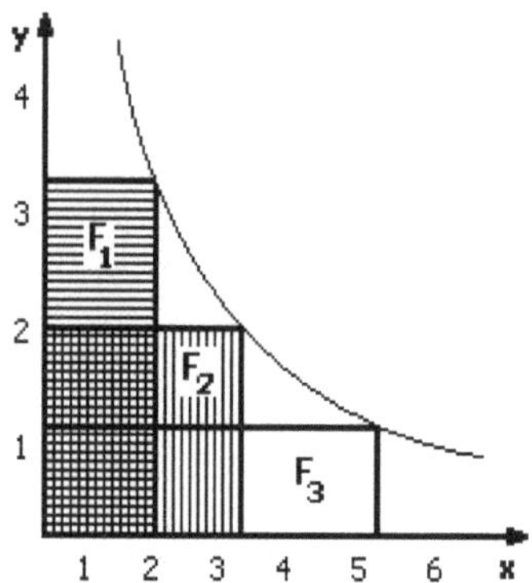

Fig. 5.2. Representação gráfica da equivalência dos riscos caracterizados
por diferentes pares gravidade-probabilidade

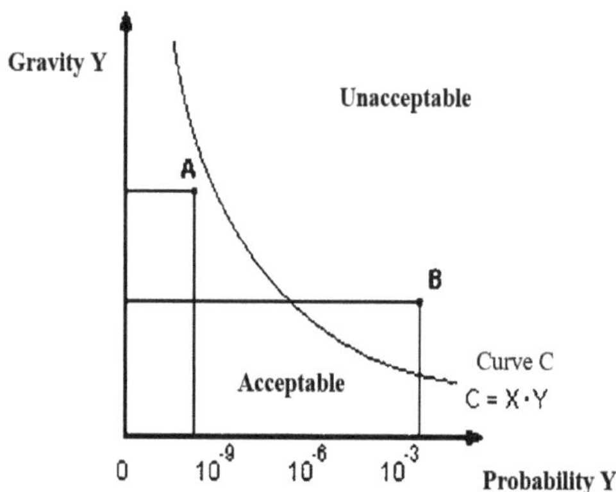

Fig. 5.3. Curva de aceitabilidade do risco

Esta curva permite a distinção entre risco aceitável e inaceitável.

Assim, o risco de ocorrência de um acontecimento A, com consequências graves, mas com uma frequência muito baixa, situado abaixo da curva de aceitabilidade, é considerado aceitável, e o risco de um acontecimento B, com consequências menos graves, mas com uma probabilidade de ocorrência mais elevada, cujas coordenadas se situam acima da curva, é inaceitável.

Por exemplo, no caso de uma central atómica, são tomadas medidas para que o risco de um acontecimento nuclear - seja o risco do acontecimento A - seja caracterizado por uma gravidade extrema das consequências, mas por uma probabilidade de ocorrência extremamente baixa.

Devido à frequência muito baixa de ocorrência, a atividade é considerada segura e o risco é aceite pela empresa.

Inversamente, se para o risco do acontecimento B tomarmos como exemplo o acidente rodoviário resultante da atividade de um condutor, embora este tipo de acontecimento cause consequências menos graves do que um acidente nuclear, a probabilidade de ocorrência é tão elevada (frequência muito elevada) que o local de trabalho do condutor é considerado inseguro (risco inaceitável).

Qualquer estudo de segurança tem por objetivo estabelecer riscos aceitáveis.

Este tratamento do risco levanta dois problemas:

- como determinar as coordenadas do risco: o par gravidade - probabilidade;

-que coordenadas de risco serão escolhidas para delimitar as zonas aceitáveis das inaceitáveis.

Para as resolver, a premissa que serviu de base ao desenvolvimento do método de avaliação foi a relação risco-fator de risco.

C. Determinar as coordenadas do risco

A existência de riscos num sistema de emprego deve-se à presença de factores de risco de lesões e doenças profissionais.

Por conseguinte, os elementos que permitem caraterizar o risco e determinar as suas coordenadas são, de facto, a probabilidade de a ação de um fator de risco conduzir ao acidente e a gravidade da consequência da ação do fator de risco sobre a vítima.

Por conseguinte, para a avaliação dos riscos, respetivamente de segurança, é necessário efetuar as seguintes etapas:

a) identificação dos factores de risco no sistema analisado;

b) determinar as consequências do ato para a vítima, o que significa determinar a sua gravidade;

c) estabelecer a probabilidade da sua ação sobre o executor;

d) Atribuição de níveis de risco de acordo com a gravidade e a probabilidade das consequências da ação dos factores de risco.

a. O modelo teórico da Génese dos acidentes de trabalho e das doenças profissionais desenvolvido no NRDIOS de Bucareste, abordando sistematicamente a causalidade destes eventos, permite o desenvolvimento de uma ferramenta pragmática para identificar todos os factores de risco num sistema.

Nas condições de um sistema de trabalho real, em funcionamento, não existem recursos suficientes (tempo, financeiros, técnicos, etc.) para intervir simultaneamente sobre todos os factores de risco de lesão e de doença profissional.

Mesmo que houvesse, o critério de eficiência (tanto no sentido estrito de eficiência económica como social) proíbe tal ação.

Por esta razão, mesmo nas análises de segurança, não se justifica tê-las totalmente em conta.

Dos muitos factores de risco cuja cadeia termina potencialmente com um acidente ou uma doença, os factores que podem representar as causas finais, directas, são aqueles cuja eliminação garante a impossibilidade do acontecimento, pelo que se torna obrigatório centrar o estudo neles.

b. É fácil diferenciar os riscos da gravidade das consequências.

Independentemente do fator de risco e do acontecimento que possa gerar, as consequências para o executor podem ser agrupadas de acordo com as categorias definidas por lei: incapacidade temporária, invalidez e morte.

Além disso, para cada fator de risco, pode afirmar-se com certeza qual é a sua consequência máxima possível.

Por exemplo, a consequência máxima possível de uma eletrocussão será sempre a morte, enquanto a consequência máxima de ultrapassar o nível normal de ruído será a surdez profissional - deficiência.

Conhecendo os tipos de lesões, bem como a sua potencial localização, no caso dos acidentes de trabalho e das doenças profissionais, tal como são especificados pelos critérios médicos de diagnóstico clínico, funcional e de avaliação da capacidade de trabalho desenvolvidos pelo Ministério da Saúde e pelo Ministério do Trabalho e da Solidariedade Social, pode avaliar-se, para cada fator de risco, qual a lesão que levará ao extremis, qual o órgão que será afetado e, por fim, que tipo de consequência produzirá: incapacidade, invalidez ou morte.

Por sua vez, estas consequências podem ser diferenciadas em várias classes de gravidade.

Por exemplo, a incapacidade pode ser de grau I, II ou III, e a incapacidade: inferior a 3 dias (o limite mínimo fixado por lei para definir o acidente de trabalho), entre 3 e 45 dias e entre 45 e 180 dias.

Tal como acontece com a probabilidade de acidentes ou doenças, também podemos determinar para a gravidade das consequências várias classes, como se segue:

- **classe 1**: consequências negligenciáveis (incapacidade para o trabalho inferior a 3 dias);
- **classe 2:** pequenas consequências (incapacidade entre 3 e 45 dias que exija tratamento médico);
- **classe 3:** consequências médias (incapacidade de 45 a 180 dias, tratamento médico e hospitalização);
- **classe 4:** consequências graves (deficiência de grau III):
- **classe 5:** consequências graves (deficiência de grau II);
- **classe 6:** consequências muito graves (deficiência de classe I);
- **classe 7:** consequências máximas (morte).

c. Em termos de frequência, sabe-se que o acidente ou a doença são acontecimentos aleatórios.

Por conseguinte, os factores de risco diferem entre si, na medida em que cada um deles conduz com uma probabilidade diferente a um acidente ou doença.

Por exemplo, a probabilidade de ocorrência de um acidente devido ao movimento perigoso dos órgãos móveis de um berbequim é diferente da probabilidade de ocorrência, no mesmo local de trabalho, de um acidente devido a um raio.

O mesmo fator pode também ser caracterizado por uma frequência diferente de atuação sobre o executante, em momentos diferentes do funcionamento de um sistema de trabalho ou em sistemas análogos, consoante a natureza e o estado do elemento gerador.

Assim, a probabilidade de choque elétrico por contacto direto ao manusear um aparelho elétrico é maior se este for antigo e tiver o isolamento de proteção dos condutores desgastado do que se o aparelho for novo.

No entanto, de um ponto de vista operacional, não é possível trabalhar com probabilidades determinadas estritamente para cada fator de risco. Em alguns casos, nem sequer podem ser calculadas, como é o caso dos factores próprios do executor.

A probabilidade de atuar de uma determinada forma que gere um acidente só pode ser aproximada.

Noutros casos, o cálculo exigido pela determinação rigorosa da probabilidade da consequência é tão elaborado que seria mais dispendioso e mais demorado do que a aplicação efectiva de medidas preventivas.

Por isso, seria melhor estabelecer as probabilidades, em regra, por apreciação e agrupá-las em intervalos.

É mais fácil e mais eficaz para o objetivo pretendido aproximar a probabilidade de um determinado acidente ser causado pela ação de um fator de risco com uma frequência inferior a uma vez em cada 100 horas.

A diferença em relação aos valores rigorosos de 1 a 85 horas ou 1 a 79 horas é insignificante, podendo o evento ser caracterizado nos três casos como muito frequente.

Por esta razão, se utilizarmos os intervalos especificados no CEI 812/1985, obtemos 5 grupos de eventos, que podemos ordenar da seguinte forma:

- **extremamente raro:** $P < 10\text{-}7/h$;
- **muito raros:** $10\text{-}7 < P < 10\text{-}5/h$;
- **raro:** $10\text{-}5 < P < 10\text{-}4/h$;
- **incomum:** $10\text{-}4 < P < 10\text{-}3/h$;
- **frequentemente:** $10\text{-}3 < P < 10\text{-}2/h$;
- **muito comum:** $P > 10\text{-}2/h$..

Vamos agora atribuir a cada grupo uma classe de probabilidade, de 1 a 6, pelo que diremos que o acontecimento E1, cuja frequência provável de produção é $P1 < 10\text{-}7/h$, é da classe de probabilidade 1, e o acontecimento E6, com frequência $P6 > 10\text{-}2/h$, é da classe de probabilidade 6.

Obtemos uma escala de classificação de probabilidades.

d. Tendo à nossa disposição estas duas escalas - para citar a probabilidade e a gravidade das consequências da ação dos factores de risco - podemos associar a cada fator de risco de um sistema um par de elementos característicos, gravidade - probabilidade, para cada par é estabelecido um nível de risco.

A curva de aceitabilidade do risco foi utilizada para atribuir os níveis de risco e de segurança.

Em primeiro lugar, uma vez que a gravidade é um elemento mais importante em termos do objetivo da proteção do trabalho, partiu-se do princípio de que tem um impacto muito maior no nível de risco do que a frequência.

Assim, foram estabelecidos 7 níveis de risco para as 7 classes de gravidade, por ordem crescente, respetivamente 7 níveis de segurança, dada a relação inversamente proporcional entre os dois estados (risco - segurança):

- N1 - nível de risco mínimo→ - S7 - nível de segurança máximo;

- N2 - nível de risco muito baixo→ - S6 - nível de segurança muito elevado;

- N3 - nível de risco baixo→ - S5 - nível de segurança elevado;

- N4 - nível de risco médio→ - S4 - nível de segurança médio;

- N5 - elevado nível de risco→ - S3 - baixo nível de segurança;

- N6 - nível de risco muito elevado→ - S2 - nível de segurança muito baixo;

- N7 - Nível de risco máximo→ - S1 - nível de segurança mínimo.

Se tivermos em conta todas as combinações possíveis das variáveis especificadas, duas de cada vez, obtemos uma matriz Mg,p com 7 linhas - g, que representarão as classes de gravidade, e 6 colunas - p - classes de probabilidade:

$$M_{g,p} = \begin{Vmatrix} (1,1) & (1,2) & (1,3) & (1,4) & (1,5) & (1,6) \\ (2,1) & (2,2) & (2,3) & (2,4) & (2,5) & (2,6) \\ (3,1) & (3,2) & (3,3) & (3,4) & (3,5) & (3,6) \\ (4,1) & (4,2) & (4,3) & (4,4) & (4,5) & (4,6) \\ (5,1) & (5,2) & (5,3) & (5,4) & (5,5) & (5,6) \\ (6,1) & (6,2) & (6,3) & (6,4) & (6,5) & (6,6) \\ (7,1) & (7,2) & (7,3) & (7,4) & (7,5) & (7,6) \end{Vmatrix}$$

Representando graficamente a matriz num sistema de coordenadas rectangulares obtemos um retângulo cuja base (abcissa) é o conjunto das classes de probabilidade, a altura (ordenada) as classes de gravidade, e a sua superfície: o conjunto dos níveis de risco possíveis:

$$\sum_{R=1}^{7} N_R$$

Além disso, com a ajuda de cada um dos casais, descrevemos um retângulo que consideramos ser um risco; a cada micro-superfície será atribuído um nível de risco, de modo que, através da reunião, obtemos:

$$\sum_{R=1}^{7} N_R$$

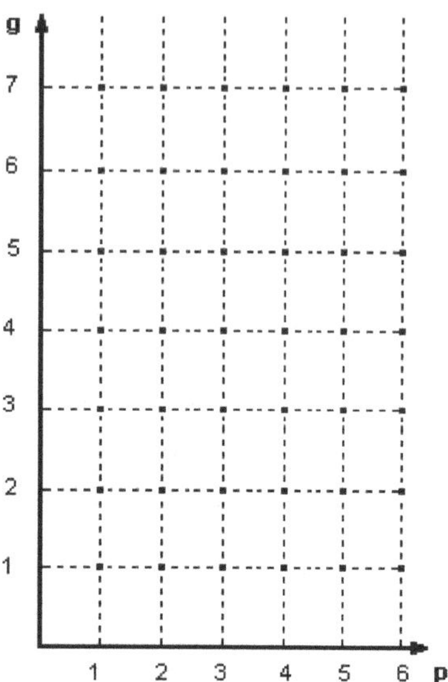

*Fig. 5.4. A representação gráfica da matriz dos pares de variáveis
gravidade - probabilidade (conjunto de níveis de risco):
G - classe de gravidade; p - classe de probabilidade*

Observação:
*Por razões práticas, foram aceites as seguintes convenções na construção
do gráfico:*
- *tanto no eixo Og como no eixo Op, as classes correspondentes
  foram representadas por segmentos iguais, embora as diferenças
  entre a gravidade dos acontecimentos de uma classe para outra e
  os intervalos de tempo para as classes de probabilidade em que
  foram determinadas não sejam iguais;*
- *para os intervalos que representam as classes de gravidade, foram
  utilizados segmentos com comprimento maior do que os que
  delimitam as classes de frequência (11/2 - 1), justamente pela
  premissa de que a gravidade tem um peso muito maior na dimensão
  risco.*

A sobreposição sucessiva, em determinadas condições, da curva de
aceitabilidade do risco sobre a representação obtida do conjunto de níveis
de risco permitiu estabelecer a classificação dos casais por níveis de risco,
como se explica de seguida.

Mantendo a lógica de representação das classes por segmentos
iguais, segue-se que mesmo as curvas que delimitam os níveis de risco

devem ser equidistantes. Consequentemente, dividimos a grande diagonal do retângulo, ou seja, a soma dos conjuntos dos níveis de risco, em 7 segmentos iguais, através dos quais serão traçadas as curvas.

Nível 1 - nível de **risco mínimo aceitável**

O limite direito do primeiro segmento é um dos pontos através dos quais será traçada a curva de nível 1. Consideramos agora todos os casais em que a gravidade entra com o valor 1 (linha 1 da matriz Mg,p). Com

efeito, todos os factores de risco cuja consequência possível é a incapacidade para o trabalho inferior a 3 dias podem ser considerados como tendo um nível de risco mínimo aceitável, não sendo os eventos produzidos passíveis de prevenção (não são acidentes de trabalho; normalmente, são tratados como incidentes e a sua eliminação está sujeita à ação de aumentar o conforto no trabalho, não a segurança).

O par limite é aquele em que a gravidade é 1 e a probabilidade é 6.

Traçamos, através dos dois pontos assim estabelecidos, uma curva que tem o carácter da curva de aceitabilidade estabelecida pela CEN-815/85 *(figura 5.5a)*.

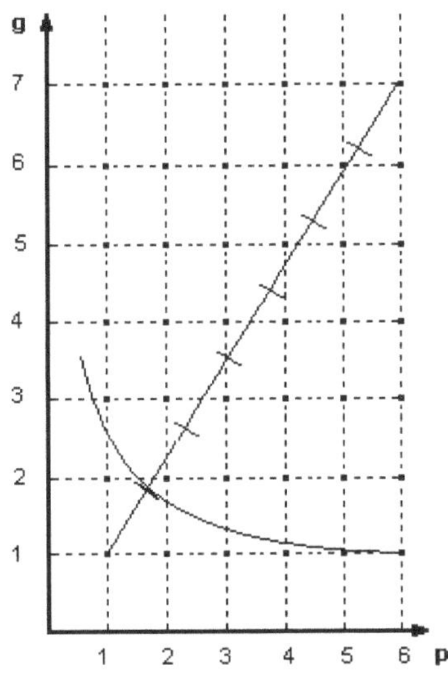

Fig. 5.5a. Desenhar as curvas dos níveis de risco. Definição dos pontos pelos quais as curvas de nível são desenhadas; curva de nível 1 (risco mínimo aceitável

A área delimitada pelos lados do retângulo e pela curva desenhada representará graficamente o risco de nível 1.

Todos os factores de risco que podem ser caracterizados por binários cujas coordenadas geram pontos localizados na área assim delimitada ou na curva serão considerados como nível de risco 1 e nível de segurança 7, respetivamente.

A partir da representação gráfica (figura 1.5a), conclui-se que, a partir da matriz Mg,p, o risco de nível 1 corresponde à submatriz:

$$M_{1,p} \overset{6}{=} \left\| (1,1) \quad (1,2) \quad (1,3) \quad (1,4) \quad (1,5) \quad (1,6) \right\| \text{ e o elemento}$$

$$(2,1).$$

Nível 2 - 7

Traçamos as curvas para os níveis 2 - 6 paralelas à curva do nível de risco mínimo aceitável pelos pontos que delimitam os segmentos estabelecidos na diagonal do retângulo do conjunto dos níveis de risco *(figura 5.5b)*.

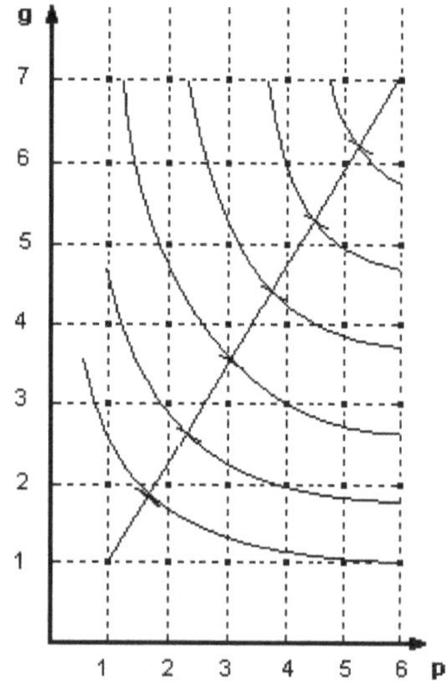

Fig. 5.5b. Desenho das curvas dos níveis de risco.
Desenho da curva para os níveis 2 - 7; nível de risco máximo aceitável e crítico.

Nível de risco 1 - casais g-p: (1.1) (1.2) (1.3) (1.4) (1.5) (1.6) (2.1);

Nível de risco 2 - casais g-p: (2.2) (2.3) (2.4) (3.1) (3.2) (4.1);
Nível de risco 3 - casais g-p: (2.5) (2.6) (3.3) (3.4) (4.2) (5.1) (6.1) (7.1);
Nível de risco 4 - casais g-p: (3.5) (3.6) (4.3) (4.4) (5.2) (5.3) (6.2) (7.2);
Nível de risco 5 - casais g-p: (4.5) (4.6) (5.4) (5.5) (6.3) (7.3);
Nível de risco 6 - casais g-p: (5.6) (6.4) (6.5) (7.4);
Nível de risco 7 - casais g-p: (6.6) (7.5) (7.6).

Tal como acima, a secção delimitada pela curva do nível 1 e pela curva imediatamente superior representará graficamente o nível 2; a todos os factores de risco para os quais os pares gravidade-probabilidade geram pontos situados nesta área ou no seu limite superior é atribuído o risco de nível 2.

Do mesmo modo, são atribuídos os níveis 3, 4, ..., 6.

A área delimitada pela curva do nível 6 e os dois lados superiores do retângulo é atribuída ao nível 7.

Interpretando a representação na *figura 1.5b*, conclui-se que cada nível de risco corresponde a pelo menos uma submatriz na matriz Mg,p:

$$- \text{nível 2:} \begin{cases} \overset{4}{\underset{p=2}{M_{2,p}}} = \left\| (2,2) \quad (2,3) \quad (2,4) \right\| \\ \overset{2}{\underset{p=1}{M_{3,p}}} = \left\| (3,1) \quad (3,2) \right\| \end{cases} \text{e elemento (4.1)}$$

$$-\text{nível 3:} \begin{cases} \overset{6}{\underset{p=5}{M_{2,p}}} = \left\| (2,5) \quad (2,6) \right\| \\ \overset{4}{\underset{p=3}{M_{3,p}}} = \left\| (3,3) \quad (3,4) \right\| \text{e elemento (4,2);} \\ \overset{7}{\underset{g=6}{M_{g,1}}} = \left\| \begin{matrix} (5,1) \\ (6,1) \\ (7,1) \end{matrix} \right\| \end{cases}$$

$$\text{- nível 4:}\begin{cases} \overset{6}{\underset{p=5}{M}}_{3,p} = \|(3,5)\ (3,6)\| \\[2mm] \overset{4}{\underset{p=3}{M}}_{4,p} = \|(4,3)\ (4,4)\| \\[2mm] \overset{3}{\underset{g=2}{M}}_{5,g} = \|(5,2)\ (5,3)\| \\[2mm] \overset{7}{\underset{g=6}{M}}_{g,2} = \left\|\begin{matrix}(6,2)\\(7,2)\end{matrix}\right\| \end{cases} ;$$

$$\text{- nível 5:}\begin{cases} \overset{6}{\underset{p=5}{M}}_{4,p} = \|(4,5)\quad(4,6)\| \\[2mm] \overset{5}{\underset{p=4}{M}}_{5,p} = \|(5,4)\quad(5,5)\| \\[2mm] \overset{7}{\underset{g=6}{M}}_{g,3} = \left\|\begin{matrix}(6,3)\\(7,3)\end{matrix}\right\| \end{cases} ;$$

-nível $\qquad$ 6: $\overset{5}{\underset{p=4}{M}}_{6,p} = \|(6,4)\quad(6,5)\|$ e elementos (5,6), (7,4);

-nível $\qquad$ 7: elemento (6,6) şi submatriz: $\overset{6}{\underset{p=5}{M}}_{7,p} = \|(7,5)\quad(7,6)\|$

.

A partir da relação risco-segurança definida, deduz-se imediatamente que o nível 7 de risco é um nível crítico, no qual a segurança do sistema é mínima.

Para além deste limite, a segurança tende para zero, pelo que o processo de trabalho deixa de se poder realizar, pois seria equivalente à ocorrência de um acidente ou de uma doença.

Pode dizer-se que os factores de risco caracterizados pelos pares (6.6), (7.5), (7.6) conduzem rapidamente e com certeza à ocorrência do acontecimento extremo - a morte (perigo iminente).

As regulamentações normativas da maioria dos países não permitem que se atinja a fase crítica.

Para este efeito, em geral, são fixados limites máximos sob a forma de valores para cada fator de risco, para os factores cuja manifestação pode ser caracterizada por elementos mensuráveis, ou proibições - factores para os quais não é possível efetuar medições.

Estas regras correspondem a um nível máximo de risco aceitável, que difere de país para país, em função das condições económicas e sociais.

Os autores do método desenvolvido no NRDIOS de Bucareste consideram que, para o nosso país, seria indicado que o nível de risco máximo aceitável corresponde ao **nível 3,5**.

Isto significa, em primeiro lugar, que a autorização de funcionamento dos agentes económicos do ponto de vista da proteção do trabalho só deve ser concedida se a avaliação dos riscos nos locais de trabalho confirmar que este nível não é ultrapassado.

Partindo das premissas teóricas apresentadas anteriormente, foi desenvolvido o método de avaliação dos riscos de acidentes e embolia profissional nos locais de trabalho, método esse que será apresentado de seguida.

5.1.2. Descrição

A. Objetivo e fim

O método desenvolvido no NRDIOS de Bucareste visa determinar quantitativamente o nível de risco/segurança de um local de trabalho, sector, departamento ou empresa, com base na análise e avaliação sistémica dos riscos de acidentes e doenças profissionais.

A aplicação do método deve ser completada com um documento de síntese (ficha de avaliação do local de trabalho), que inclui o **nível de risco** global no local de trabalho.

A descrição das funções assim elaborada constitui a base do programa de prevenção de acidentes de trabalho e doenças profissionais para o local de trabalho, sector, secção ou empresa em causa.

B. Princípio do método

A essência do método consiste em identificar todos os factores de risco no sistema analisado (local de trabalho) com base em listas de verificação pré-estabelecidas e quantificar a dimensão do risco com base na combinação da gravidade e da frequência da consequência máxima previsível.

O nível de segurança de um local de trabalho é inversamente proporcional ao nível de risco.

C. Utilizadores potenciais

O método pode ser utilizado tanto na fase de conceção e de projeto dos trabalhos como na fase de exploração.

No entanto, a sua aplicação exige equipas complexas, compostas por pessoas especializadas tanto em segurança no trabalho como na tecnologia analisada (avaliadores + tecnólogos).

Na primeira situação, o método é um instrumento útil e necessário para os projectistas integrarem os princípios e as medidas de segurança do trabalho na conceção e no desenho dos sistemas de trabalho.

Na fase operacional, o método é útil para o pessoal dos compartimentos de segurança no trabalho das empresas para as seguintes tarefas:

- análise, numa base científica, do estado da segurança do trabalho em cada local de trabalho;

- fundamentação rigorosa dos programas de prevenção.

D. Fases do método

O método inclui as seguintes etapas obrigatórias:

Definição do sistema a ser analisado (local de trabalho);

1. Identificação dos factores de risco no sistema;

2. Avaliação dos riscos de acidente e de doença profissional;

3. Hierarquia dos riscos e prioridades de prevenção;

4. A proposta de medidas de prevenção.

E. Instrumentos de trabalho utilizados

As etapas necessárias para a avaliação da segurança do trabalho num sistema, acima descritas, são efectuadas utilizando as seguintes ferramentas de trabalho:

1. A lista de identificação dos factores de risco;

2. Enumerar as possíveis consequências da ação dos factores de risco no organismo humano;

3. A escala de classificação da gravidade e da probabilidade das consequências;

4. A grelha de avaliação dos riscos;

5. Escala de classificação dos níveis de risco e dos níveis de segurança;

6. Ficha de descrição do posto de trabalho - documento centralizador;

7. A ficha das acções propostas.

O conteúdo e a estrutura destes instrumentos são apresentados a seguir.

● **A lista de identificação dos factores de risco** é um formulário que inclui, de forma facilmente identificável e comprimida, as principais categorias de factores de risco de lesões e doenças profissionais, agrupadas de acordo com o critério do elemento gerador no sistema de trabalho (executante, tarefa de trabalho, meios de produção e ambiente de trabalho).

● **A lista de possíveis consequências** da ação dos factores de risco no corpo humano é um instrumento útil para a aplicação da escala de gravidade das consequências. Abrange as categorias de lesões e danos à integridade e à saúde do organismo humano, a possível localização das consequências em relação à estrutura anatómico-funcional do organismo e a gravidade genérica mínima e máxima da consequência.

● **A escala de classificação da gravidade e da probabilidade** das consequências da ação dos factores de risco no corpo humano é uma grelha de classificação das consequências em classes de gravidade e classes de probabilidade da sua ocorrência.

A parte da grelha relativa à gravidade das consequências baseia-se nos critérios médicos de diagnóstico clínico, de avaliação funcional e de capacidade elaborados pelo Ministério da Saúde e pelo Ministério do Trabalho, da Solidariedade Social e da Família.

No que diz respeito às classes de probabilidade, as experiências escolheram a forma final do método de adaptação da norma da União Europeia, de modo que, em vez dos intervalos nela especificados, foram tidos em conta os seguintes:

- classe 1 → frequência do acontecimento: uma vez de 10 em 10 anos;

- classe 2 → frequência de produção: de 5 em 5 ou de 10 em 10 anos;

- classe 3 → uma vez em cada 2 a 5 anos;

- classe 4 → uma vez em cada 1 a 2 anos;

- classe 5 → de 1 em 1 ano - 1 mês;

- classe 6 → uma vez em menos de um mês.

● **A grelha de avaliação dos riscos** é, na realidade, a transposição em forma de quadro.

As linhas da tabela são as linhas das classes de gravidade no gráfico e as colunas - as colunas das classes de probabilidade.

Cada caixa corresponde a um ponto no gráfico, as coordenadas g, p...

As cores diferentes marcam os cortes obtidos no gráfico através do traçado das curvas de nível.

Utilizando a grelha, é efectuada a expressão real dos riscos existentes no sistema analisado, sob a forma do par gravidade - frequência de ocorrência.

● **A escala de classificação do nível de risco/segurança**, baseada na grelha de avaliação do risco, é uma ferramenta utilizada para avaliar o nível do risco esperado e o nível de segurança.

A escala compreende efetivamente as 7 zonas da matriz Mg,p, convertidas em níveis, numerados de 1 a 7 para o nível de risco e de 7 a 1 para o nível de segurança.

Na área central do modelo, são apresentados explicitamente os elementos das submatrizes delimitadas e os elementos individuais correspondentes a cada nível de risco, ou seja, todos os casais de probabilidade grave relacionados com os níveis de risco.

● **A ficha de avaliação do posto de trabalho** é o documento central para todas as operações de identificação e avaliação dos riscos de lesões e/ou doenças profissionais. Por conseguinte, esta ficha inclui

- *dados de identificação do local de trabalho: unidade, secção (oficina), local de trabalho;*
- *dados de identificação do avaliador: nome, apelido, cargo;*
- *os componentes genéricos do sistema de trabalho;*
- *nomeação dos factores de risco identificados;*
- *explicação das formas concretas de manifestação dos factores de risco identificados (descrição, parâmetros e características funcionais);*
- *a consequência máxima previsível da ação dos factores de risco;*
- *classe de gravidade e probabilidade prevista;*
- *nível de risco.*

● **A ficha de medidas propostas** é um formulário para centralizar as medidas preventivas necessárias a aplicar, resultantes da avaliação do local de trabalho em termos de segurança no trabalho.

5.1.3. Aplicação

A. *Procedimento de trabalho*

a. Criação da equipa de análise e avaliação

A primeira etapa da aplicação do método é a constituição da equipa de análise e de avaliação.

Incluirá especialistas no domínio da segurança do trabalho e tecnólogos, com bons conhecimentos dos processos de trabalho analisados.

Antes de começar a trabalhar, os membros da equipa devem conhecer em pormenor o método de avaliação, as ferramentas utilizadas e os procedimentos de trabalho concretos.

É também necessária uma pré-documentação mínima sobre os locais de trabalho e os processos tecnológicos a analisar e avaliar.

Após a constituição da equipa de análise e de avaliação, respetivamente, após a aquisição do método, proceder às etapas propriamente ditas.

b. Descrição do sistema a ser analisado

Nesta fase, é efectuada uma análise detalhada do local de trabalho, com o objetivo de

- identificação e descrição dos componentes do sistema e do seu funcionamento: o objetivo do sistema, descrição do processo tecnológico, operações de trabalho, máquinas e maquinaria utilizada - parâmetros e características funcionais, ferramentas, etc;
- indicar expressamente a tarefa do executor no sistema (com base na descrição das funções, nas ordens e decisões escritas, nas disposições verbais atualmente dadas, etc.);
- descrição das condições ambientais existentes;
- especificando os requisitos de segurança para cada componente do sistema, com base nas normas e padrões de segurança do trabalho, bem como em outros atos normativos incidentes.

As informações necessárias para esta fase são retiradas dos documentos da empresa (ficha tecnológica, livros técnicos das máquinas e dos equipamentos, descrição das funções do empreiteiro, caderno de encargos, boletins de análise ambiental, regras, normas e instruções de segurança).

Uma fonte complementar de informação para a definição do sistema é a discussão com os trabalhadores do local de trabalho em causa.

c. Identificar os factores de risco no sistema

Nesta fase, essencial para a qualidade da análise, estabelece-se para cada componente do sistema de trabalho avaliado (ou seja, o posto de trabalho), com base na lista predefinida, quais as avarias que podem surgir, em todas as situações de funcionamento previsíveis e prováveis.

Para identificar todos os riscos possíveis, é portanto necessário simular o funcionamento do sistema e deduzir esses desvios.

Isto pode ser feito quer através de uma análise verbal com o técnico, no caso de trabalhos relativamente menos perigosos, em que as disfunções acidentais (ou causadoras de doenças) são quase óbvias, quer através da aplicação do método da árvore de eventos.

Além disso, a simulação pode ser feita de forma concreta, num modelo experimental ou por processamento informático.

Qualquer que seja a solução adotada, os métodos de trabalho são a observação direta e a dedução lógica.

No caso dos factores de risco objectivos (gerados pelos meios de produção ou pelo ambiente de trabalho), a sua identificação é relativamente fácil, conhecendo-se os parâmetros e as características funcionais das máquinas, das máquinas, das instalações, as propriedades físico-químicas dos materiais e dos materiais utilizados ou dispondo dos boletins de análise ambiental.

Relativamente ao testamenteiro, a operação é muito mais difícil e envolve um elevado grau de indeterminação.

Na medida do possível, todos os erros previsíveis e prováveis deste último em relação à tarefa que lhe foi atribuída serão examinados sob a forma de omissões e acções erradas, bem como o seu impacto na sua própria segurança e nos outros elementos do sistema.

A identificação dos factores de risco dependentes da tarefa é feita, por um lado, através da análise da conformidade entre o seu conteúdo e a capacidade de trabalho do executante a quem é atribuída e, por outro lado, através da especificação de possíveis operações, regras de trabalho, procedimentos de trabalho errados.

Os factores de risco identificados são incluídos na ficha de avaliação do posto de trabalho, onde também se especifica, na mesma fase, a sua forma concreta de manifestação: a sua descrição e a dimensão dos parâmetros pelos quais o respetivo fator é avaliado (por exemplo, resistência à pressão, cisalhamento, peso e dimensões, curva CZ, etc.).

d. Avaliação dos riscos

A lista do anexo correspondente deve ser utilizada para determinar as possíveis consequências da ação dos factores de risco.

A gravidade da consequência assim estabelecida deve ser avaliada com base na grelha constante dos anexos.

Informações importantes para uma avaliação mais exacta da gravidade das possíveis consequências são obtidas a partir das estatísticas de acidentes de trabalho e doenças profissionais produzidas no respetivo local de trabalho ou em locais de trabalho semelhantes.

Para determinar a frequência das possíveis consequências, é utilizada a escala abaixo.

A classificação em classes de probabilidade é efectuada após o estabelecimento, numa base estatística ou de cálculo, dos intervalos em que os acontecimentos podem ocorrer (diário, semanal, mensal, anual, etc.).

Esses intervalos devem então ser convertidos em frequências expressas pelo número de acontecimentos possíveis por ano.

O resultado dos procedimentos anteriores deve ser identificado na grelha de avaliação dos riscos e registado na ficha de descrição do posto de trabalho.

Com a ajuda da escala de classificação do nível de risco/segurança, estes são então determinados para cada fator de risco individual.

O resultado será uma hierarquização da dimensão dos riscos no trabalho, que permite dar prioridade às medidas de prevenção e proteção, em função do fator de risco com maior nível de risco.

O nível global de risco no local de trabalho (Nr) é calculado como uma média ponderada dos níveis de risco estabelecidos para os factores de risco identificados.

Para que o resultado obtido reflicta a realidade o mais fielmente possível, a classificação do fator de risco, que é igual ao nível de risco, deve ser utilizada como elemento de ponderação.

Desta forma, o fator com o nível de risco mais elevado terá também a classificação mais elevada.

Isto elimina a possibilidade de o efeito de compensação entre extremos, que qualquer média estatística implica, mascarar a presença do fator com o nível máximo de risco.

A fórmula para calcular o nível de risco global é a seguinte

$$N_r = \frac{\sum\limits_{i=1}^{n} r_i \cdot R_i}{\sum\limits_{i=1}^{n} r_i}$$

onde:
-Nr é o nível de risco global no local de trabalho.
- ri - a classificação do fator de risco "i";
-Ri - o nível de risco para o fator de risco "i";
-n - o número de factores de risco identificados no trabalho.

O nível de segurança (NS) no trabalho é identificado na escala de enquadramento do nível de risco/segurança, construída com base no princípio inverso da proporcionalidade dos níveis de risco e de segurança.

Tanto o nível de risco global como o nível de segurança são incluídos na ficha de descrição do local de trabalho.

Ao avaliar os macro-sistemas (sector, secção, empresa), deve ser calculada a média ponderada dos níveis médios de segurança determinados para cada local de trabalho do macro-sistema analisado (locais de trabalho semelhantes são considerados como um único local de trabalho), Para obter o nível global de segurança no trabalho para a oficina/secção/sector ou empresa sob investigação - Ns:

$$N_g = \frac{\sum\limits_{p=1}^{n} r_p \cdot N_{sp}}{\sum\limits_{p=1}^{n} r_p}$$

onde:

- rp é a classificação "p" do local de trabalho (igual em valor ao nível de risco do local);
- n - número de locais de trabalho analisados;
- Nsp - o nível médio de segurança no trabalho para o local de trabalho "p".

e. Estabelecimento de medidas preventivas

Para estabelecer as medidas necessárias para melhorar o nível de segurança do sistema de trabalho em causa, é necessário ter em conta a hierarquia dos riscos avaliados, de acordo com a escala de enquadramento dos níveis de risco/segurança do trabalho na ordem de:
- 7 para 1 se estiver a funcionar com níveis de risco;
- 1 a 7 se estiver a funcionar com níveis de segurança.

A ordem hierárquica genérica das medidas de prevenção também deve ser tida em conta, nomeadamente:
- medidas de prevenção intrínsecas;
- medidas de proteção colectiva;
- medidas de proteção individual.

As medidas propostas estão incluídas na ficha de medidas preventivas propostas.

A aplicação do método termina com a redação do relatório de análise.

Trata-se de um instrumento não formalizado que deve conter, de forma clara e sucinta, os seguintes elementos
- a forma como a análise é efectuada;
- as pessoas envolvidas;
- os resultados da avaliação, respetivamente as descrições dos locais de trabalho com os níveis de risco;
- interpretação dos resultados da avaliação;
- fichas de ação de prevenção.

B. Condições de aplicação

Para que a aplicação do método conduza aos resultados mais relevantes, a primeira condição é que o sistema a ser analisado seja um local de trabalho, bem definido em termos do seu objetivo e dos seus elementos.

Isto limita o número e o tipo de potenciais inter-relações a investigar e, implicitamente, os factores de risco a ter em conta.

Outra condição particularmente importante é a existência de uma equipa de avaliação complexa e multidisciplinar, que inclua especialistas em segurança no trabalho, designers, tecnólogos, ergonomistas, médicos especialistas em medicina do trabalho, etc., correspondendo à natureza variada dos elementos dos sistemas de trabalho, mas também dos factores de risco.

O chefe da equipa deve ser o especialista em segurança no trabalho, cujo papel principal será o de harmonizar os pontos de vista dos outros avaliadores, no sentido de subordinar e integrar os critérios utilizados por cada um deles ao objetivo prosseguido pela análise: a avaliação da segurança no trabalho.

Uma vantagem do método desenvolvido no NRDIOS de Bucareste é o facto de a sua aplicação não estar limitada pela condição da existência física do sistema de avaliação.

Pode ser utilizado em todas as fases relacionadas com a vida de um sistema de trabalho ou de um elemento do mesmo: conceção e design, realização física, constituição e entrada em funcionamento, realização do processo de trabalho.

Uma vez que as formas concretas dos factores de risco, mesmo para um sistema relativamente simples, são múltiplas, o procedimento para trabalhar com este método é relativamente trabalhoso.

A sua aplicação e a gestão dos riscos nos locais de trabalho com base nos resultados obtidos requerem pessoal especializado e técnico de cálculo.

C. Considerações sobre a utilização da técnica de cálculo automatizado na aplicação do método e da gestão informatizada dos riscos

A aplicação prática do método de avaliação dos riscos no sistema de trabalho é suficientemente trabalhosa, uma vez que o número de informações a ter em conta no acompanhamento de vários locais de trabalho justifica a utilização de técnicas modernas de tratamento de dados.

A utilização do computador é possível devido a determinadas características do método, respetivamente:
- procedimento de trabalho passo a passo;
- a existência de um algoritmo para calcular o nível de risco;

- o tipo de ligações entre as variáveis consideradas para determinar o nível de risco.

A técnica de cálculo automático pode ser aplicada tanto à avaliação efectiva dos riscos como à sua gestão informatizada na unidade.

a. Durante a avaliação propriamente dita, a utilização do computador é recomendada de duas formas:

- ➢ criação de bancos de dados em:
  - a vida útil do equipamento técnico;
  - tempo de funcionamento;
  - o número de pessoas expostas;
  - tempo de exposição;
  - estatísticas de acidentes de trabalho e doenças profissionais produzidas e sua utilização para determinar com maior exatidão as classes de probabilidade
- ➢ cálculo automático dos níveis de risco parciais e do nível de risco global no local de trabalho, no sector de atividade, na empresa.

b. A gestão informatizada dos riscos implica a criação de bancos de dados completos e permanentemente actualizados, incluindo dados das fichas de risco e medidas relativas a todos os locais de trabalho avaliados na unidade.

Desta forma, a situação exacta dos riscos existentes, a sua dimensão (níveis de risco), as medidas a tomar, as medidas tomadas, as responsabilidades e os poderes para essas medidas podem ser conhecidos e corrigidos em qualquer momento de acordo com a última avaliação.

| CLASSES DE GRAVIDADE | CONSEQUÊNCIAS | | CLASSES DE PROBABILIDADE | | | | | |
			1 EXTREMAMENTE RARO P > 10 anos	2 MUITO RARO 5 anos < P < 10 anos	3 RARO 2 anos < P < 5 anos	4 MENOS FREQUENTEMENTE 1 ano < P < 2 anos	5 FREQUÊNCIA 1 mês < P < 1 ano	6 MUITO FREQUENTEMENTE P < 1 mês
7	MAXIMM	MORTE	(7,1)	(7,2)	(7,3)	(7,4)	(7,5)	(7,6)
6	MUITO SÉRIO	INVALIDEZ GR. I	(6,1)	(6,2)	(6,3)	(6,4)	(6,5)	(6,6)
5	SÉRIO	INVALIDEZ GR. II	(5,1)	(5,2)	(5,3)	(5,4)	(5,5)	(5,6)
4	ALTO	INVALIDEZ GR. III	(4,1)	(4,2)	(4,3)	(4,4)	(4,5)	(4,6)
3	MÉDIO	INCAPACIDADE 45 - 180 DIAS	(3,1)	(3,2)	(3,3)	(3,4)	(3,5)	(3,6)
2	PEQUENO	INCAPACIDADE 3 - 45 DIAS	(2,1)	(2,2)	(2,3)	(2,4)	(2,5)	(2,6)
1	NEGLIGENCIÁVEL		(1,1)	(1,2)	(1,3)	(1,4)	(1,5)	(1,6)

Fig. 5.6. A escala de avaliação dos riscos
Combinação entre a gravidade das consequências e a probabilidade da sua produção

NÍVEL DE RISCO		GRAVIDADE - PROBABILIDADE CASAL	SEGURANÇA NÍVEL	
1	MÍNIMO	(1,1) (1,2) (1,3) (1,4) (1,5) (1,6) (2,1)	7	MÁXIMO
2	MUITO PEQUENO	(2,2) (2,3) (2,4) (3,1) (3,2) (4,1)	6	MUITO ALTO
3	PEQUENO	(2,5) (2,6) (3,3) (3,4) (4,2) (5,1) (6,1) (7,1)	5	ALTO
4	MÉDIO	(3,5) (3,6) (4,3) (4,4) (5,2) (5,3) (6,2) (7,2)	4	MÉDIO
5	ALTO	(4,5) (4,6) (5,4) (5,5) (6,3) (7,3)	3	PEQUENO
6	MUITO ALTO	(5,6) (6,4) (6,5) (7,4)	2	MUITO PEQUENO
7	MÁXIMO	(6,6) (7,5) (7,6)	1	MÍNIMO

Fig. 5.7. A escala de enquadramento do nível de risco/segurança

ORGANIZAÇÃO:		FICHA DE AVALIAÇÃO DO LOCAL DE TRABALHO	PESSOA EXPOSTA NÃO..:			
DEPARTAMENTO:			DURAÇÃO DA EXPOSIÇÃO:			
LOCAL DE TRABALHO:			EQUIPA DE AVALIAÇÃO:			
COMPONENTE DO SISTEMA DE TRABALHO	FACTORES DE RISCO IDENTIFICADOS	FORMA CONCRETA DE MANIFESTAÇÃO OS FACTORES DE RISCO (descrição e parâmetros)	A CONSEQUÊNCIA MÁXIMA	GRAVIDADE CLASSE	CLASSE DE PROBABILIDADE	NÍVEL DE RISCO
0	1	2	3	4	5	6
...						

Fig. 5.8. Ficha de avaliação do local de trabalho

A FICHA DE ACÇÃO PROPOSTA					
Não.	LOCAL DE TRABALHO / FACTOR DE RISCO	NÍVEL DE RISCO	MEDIDA PROPOSTA		
			Nomeação da medida	Competências / Responsabilidades	Prazos

138

...					

Fig. 5.9. A ficha de ação proposta

5.2. METODOLOGIA DE AUDITORIA DO CUMPRIMENTO DAS DISPOSIÇÕES LEGAIS E DE OUTRAS DISPOSIÇÕES QUE A ORGANIZAÇÃO SUBSCREVE - INSTITUTO NACIONAL DE INVESTIGAÇÃO E DESENVOLVIMENTO DA SEGURANÇA NO TRABALHO - N.R.D.I.O.S. BUCARESTE

5.2.1. Objetivo e necessidade

O Saúde e Segurança no Trabalho lei n.º 319/2006 prevê a obrigação de a entidade empregadora assegurar e controlar "*o conhecimento e a aplicação, por todos os trabalhadores, das medidas previstas no plano de prevenção e proteção estabelecido, bem como das disposições legais no domínio da Saúde e Segurança no Trabalho" (artigo 13.º, alínea f))*.

O cumprimento desta obrigação deve ser efectuado através da sua própria competência, sempre que a entidade patronal tenha assumido as suas funções no domínio da Segurança e Saúde no Trabalho, através de um ou mais trabalhadores designados, através do serviço interno de prevenção e proteção ou através da contratação de um serviço externo de prevenção e proteção.

A norma SR OHSAS 18001:2008, na cláusula 4.5.2, exige que **a organização avalie periodicamente a conformidade com os requisitos legais e outros requisitos que subscreva.**

A avaliação do cumprimento dos requisitos legais é efectuada principalmente em relação às disposições dos seguintes actos normativos:

- **Lei** sobre **saúde e segurança** no **trabalho n. 319/2006;**
- **GD n.º 1425/2006** para a aprovação das normas metodológicas para a aplicação das disposições da Lei da Segurança e Saúde no Trabalho n.º 319/2006 (alterada pelo GD n.º 955/2010, GD n.º 1242/2011 e GD n.º 767/2016); GD n.º 767/2016). 319/2006 (com a redação que lhe foi dada pelo DGE n.º **955/2010, DGE n.º 1242/2011** e **DGE n.º 767/2016);**
- **Decisões governamentais** no domínio da saúde e segurança no trabalho, incluindo as que transpõem as directivas da União Europeia;
- **ordens ministeriais, decretos de emergência;**

- instruções próprias para o cumprimento e/ou aplicação das normas de segurança e saúde no trabalho.

A avaliação do cumprimento de outros requisitos que a organização tenha subscrito deve, nomeadamente, incidir sobre as disposições de:
- **normas internas** (por exemplo, norma interna sobre o sistema de gestão integrado);
- **protocolos sobre saúde e segurança no trabalho** celebrados com beneficiários ou fornecedores (por exemplo, no âmbito de um contrato entre o empresário e o subcontratante).

A ISO 45001:2018, cláusula 9.1.2, exige que a organização **estabeleça, implemente e mantenha um ou mais processos para avaliar a conformidade com os requisitos legais e outros requisitos.** Para atingir este objetivo, a organização deve
- **para determinar a frequência e o(s) método(s)** de avaliação do cumprimento;
- **para avaliar o cumprimento** e **tomar medidas**, se necessário;
- **manter o conhecimento e a compreensão do seu estado de conformidade** com os requisitos legais e outros requisitos;
- **conservar informações documentadas** sobre o(s) resultado(s) da avaliação do cumprimento.

Em conformidade com as disposições do parágrafo A. 9.1.2 do RS ISO 45001:2018, a frequência e o calendário das avaliações de conformidade podem variar em função da importância do requisito, das variações das condições de funcionamento, das alterações dos requisitos legais e de outros requisitos, bem como do desempenho anterior da organização.

Uma organização pode utilizar uma variedade de métodos para manter o seu conhecimento e compreensão do seu estado de conformidade.

No parágrafo A.6.1.3 do RS ISO 45001:2018, são enumerados os requisitos legais e outros requisitos a ter em conta no processo de avaliação da conformidade:
- **requisitos legais:**
  - legislação (nacional, regional ou internacional), incluindo leis e regulamentos;
  - decretos e directivas;
  - ordens emitidas por organismos reguladores;
  - autorizações, licenças ou outras formas de autorização;
  - decisões de tribunais ou contencioso administrativo;

- Tratados, convenções e protocolos;
- convenções colectivas.
- **outros requisitos podem incluir:**
  - requisitos da organização;
  - condições contratuais;
  - contratos de trabalho;
  - acordos com as partes interessadas;
  - acordos com as autoridades sanitárias;
  - normas voluntárias, normas e orientações consensuais;
  - princípios voluntários, códigos de boas práticas, especificações técnicas, gráficos;
  - compromissos públicos da organização ou da sua organização-mãe.

Consequentemente, com base no exposto, pode afirmar-se que a **obrigação de estabelecer e manter um processo contínuo de avaliação do cumprimento dos requisitos legais e outros requisitos** resulta tanto do disposto na Lei da Segurança e Saúde no Trabalho n.º 319/2006, como das normas SR OHSAS 18001:2008 e SR ISO 45001:2018, sendo assim aplicável a qualquer organização, independentemente da sua opção pela implementação de um sistema de gestão. 319/2006, bem como das normas SR OHSAS 18001:2008 e SR ISO 45001:2018, sendo assim **aplicável a qualquer organização, independentemente da sua opção pela implementação de um sistema de gestão.**

    O objetivo da avaliação da conformidade é **direto**, para verificar o grau de conhecimento e de cumprimento dos requisitos legais e outros requisitos ao nível do local de trabalho ou da organização, mas também **indireto**, para avaliar a eficácia do Sistema de Gestão da Segurança e Saúde no Trabalho.

A avaliação da conformidade deve ser efectuada no âmbito da análise inicial que precede o desenvolvimento e a aplicação de um sistema de gestão da saúde e segurança no trabalho, a fim de fundamentar as decisões de gestão nesta matéria.

Após a implementação, a avaliação da conformidade serve como ferramenta para verificar o funcionamento do sistema de gestão, a fim de estabelecer as decisões necessárias para assegurar a melhoria contínua do sistema.

5.2.2. Quadro metodológico

A. Programa de avaliação da conformidade

A avaliação do cumprimento dos requisitos legais e outros que a organização tenha subscrito pode ser efectuada no **âmbito do programa de auditorias internas de segurança e saúde no trabalho** ou **no âmbito do programa regular de inspecções internas.**

Esta ação também pode ser realizada para além do programa em **situações especiais**, como por exemplo:

- retomar o trabalho após um acidente de trabalho;
- alterações significativas nos requisitos legais ou naqueles que a organização tenha subscrito;
- introdução de novos equipamentos ou alteração dos existentes;
- introdução de novos procedimentos ou tecnologias ou alterações significativas aos existentes.

O programa de avaliação da conformidade define as avaliações que serão efectuadas a nível da organização durante um determinado período de tempo, normalmente um ano.

O modelo de um programa deste tipo é apresentado na *figura 5.10.*

Organização aprovada,

PROGRAMA DE AVALIAÇÃO DA CONFORMIDADE
COM OS REQUISITOS LEGAIS E OUTROS REQUISITOS
NO ANO ________

Nã o crt .	Compartime nto / Local de trabalho	Mês de implantação												OBS.
		1	2	3	4	5	6	7	8	9	10	11	12	

Afogar, Data:

Fig. 5.10. Modelo de programa de avaliação da conformidade

B. Fases do processo de avaliação da conformidade

As fases da avaliação da conformidade são as seguintes:

1. Formação da equipa de avaliação;
2. Definição do sistema de trabalho avaliado;
3. Elaboração de listas de controlo;
4. Recolha de informações e preenchimento de listas de controlo;
5. Formulação e documentação dos resultados e conclusões da avaliação.

1. Formação da equipa de avaliação.

A equipa de avaliação deve ser constituída de forma a garantir uma competência adequada em matéria de segurança e saúde no trabalho, legislação e tecnologia do local de trabalho a avaliar.

Os membros da equipa de avaliação podem ser seleccionados no âmbito do serviço interno de prevenção e proteção ou do corpo de auditores internos da organização.

A avaliação também pode ser realizada com pessoal externo à organização, por exemplo, o serviço externo de prevenção e proteção.

2. Definição do sistema de trabalho avaliado.

Consiste numa descrição dos quatro elementos que compõem o sistema de trabalho a avaliar: o executante, a tarefa de trabalho, os meios de produção e o ambiente de trabalho.

Com base na descrição destes elementos, são identificados os requisitos legais e os requisitos próprios da organização, que são aplicáveis ao sistema de trabalho analisado.

3. Elaboração de listas de controlo.

Para uma abordagem sistemática da avaliação, este trabalho deve ser efectuado com recurso a listas de controlo que abranjam todos os aspectos a avaliar.

Estas listas incluem perguntas ou indicadores que se relacionam diretamente com requisitos legais ou outros requisitos que a organização tenha subscrito e que sejam relevantes para o local de trabalho a ser avaliado.

A avaliação destas questões ou indicadores pode ser feita de forma qualitativa (com possíveis respostas *Sim, Não* ou Não é *necessário*) ou quantitativa (atribuindo uma pontuação).

Embora mais trabalhosa, a avaliação quantitativa oferece a vantagem de determinar um nível de conformidade expresso em percentagem, que pode ser um indicador da realização de um objetivo geral ou específico no domínio da saúde e segurança no trabalho.

4. Recolha de informações e preenchimento de listas de controlo.

Para que as perguntas das listas de controlo sejam avaliadas objetivamente e o processo de avaliação da conformidade produza resultados reais, **a atividade de recolha de informações** deve ser realizada de forma sistemática, utilizando os **três métodos** seguintes, **também utilizados na auditoria:**

- **análise dos documentos** pertinentes **(D);**
- **entrevistas com trabalhadores** a todos os níveis que tenham responsabilidades relevantes para as questões avaliadas (I);
- **observação direta** pelos membros da equipa das **actividades realizadas no local de trabalho avaliado** (O).

A este respeito, **os documentos relevantes** que podem ser analisados são:
- os trabalhos que incluem **a avaliação dos riscos de acidente e de doença profissional;**
- **plano de prevenção e proteção;**
- **fichas de formação individuais ou colectivas** no domínio da saúde e segurança no trabalho;
- **documentos de comunicação e registo de eventos:** formulário de comunicação de eventos, dossier de investigação, fichas individuais, formulário de registo de acidente de trabalho, etc;
- **registos relativos à formação e à autorização dos trabalhadores:** provas de verificação de conhecimentos, diplomas ou certificados de conclusão de cursos, autorizações para o exercício de determinadas actividades (transportes internos, trabalhos em instalações eléctricas, suporte de cargas);
- **fichas técnicas de segurança** dos produtos químicos utilizados no local de trabalho;
- **registos das revisões periódicas dos equipamentos de trabalho;**
- **boletins de determinações noxe.**

As entrevistas aos trabalhadores consistem em questões relacionadas com os indicadores das listas de controlo, que visam verificar o conhecimento dos trabalhadores sobre os requisitos legais e outros requisitos em avaliação e os aspectos especificados nos documentos em análise.

A observação direta das actividades desenvolvidas no local de trabalho avaliado destina-se a confirmar a aplicação prática, pelos trabalhadores, dos requisitos a que se refere a avaliação, bem como dos aspectos especificados nos documentos analisados.

5. Formulação e documentação dos resultados e conclusões da avaliação.

Os resultados da avaliação destinam-se principalmente a determinar os aspectos que demonstram a conformidade com os requisitos legais em relação aos quais a avaliação foi efectuada, bem como os aspectos que revelam a não conformidade com esses requisitos.

As questões não conformes devem ser documentadas e devem ser estabelecidas acções correctivas ou preventivas para cada uma delas.

As **conclusões da avaliação** podem incluir:

- **avaliação global do cumprimento dos requisitos para os quais a avaliação foi efectuada** (por exemplo, um **nível geral de cumprimento**);
- **identificação dos pontos críticos de conformidade** (por exemplo, requisitos que não são totalmente cumpridos, que são cumpridos em pequena medida ou que são frequentemente violados).

5.2.3. Descrição

A. *Estrutura do método*

O método consiste nos seguintes conjuntos de fichas independentes:

- **Ficha A - "Obrigações da entidade patronal";**
- **Ficha B - "Direitos e obrigações dos trabalhadores";**
- **Folhas C - "Requisitos gerais";**
- **Fichas D - "Requisitos específicos".**

A ficha A contém indicadores formulados com base nos artigos da Lei n.º 319/2006 relativa à saúde e segurança no trabalho e nas normas metodológicas para a aplicação desta lei, que se referem às obrigações da entidade patronal de garantir a segurança e a proteção da saúde dos trabalhadores.

A ficha B contém indicadores sobre os direitos e deveres dos trabalhadores estabelecidos pelas disposições da Lei n.º 319/2006 e as normas metodológicas para a sua aplicação.

As Fichas C contêm 23 fichas relacionadas com disposições de actos normativos no domínio da segurança e saúde no trabalho aplicáveis em geral aos agentes económicos.

As Fichas D são desenvolvidas especificamente para cada organização e estão correlacionadas com as disposições das suas instruções de Segurança e Saúde no Trabalho e outros requisitos específicos da organização.

As fichas **A e B destinam-se a avaliar a gestão da organização face aos requisitos legais** e aplicam-se apenas uma vez, ao nível de toda a organização.

As **fichas** relevantes dos conjuntos **C e D aplicam-se a cada compartimento, local de trabalho ou atividade** em avaliação.

B. A estrutura das fichas e a sua utilização

Para cada ficha, são indicados os critérios de auditoria representados pelos elementos da legislação nacional, bem como as directivas europeias transpostas por estes actos normativos, se for caso disso.

A ficha contém uma lista de verificação constituída por indicadores formulados de forma a serem diretamente correlacionados com as disposições dos actos normativos que constituem os critérios de auditoria.

Cada indicador da ficha será avaliado com base em informações verificadas recolhidas no terreno pela equipa de avaliação e classificado por pontuação, em função da medida em que essas informações demonstrem que os requisitos referidos pelo indicador são cumpridos.

O sistema de pontuação permite que cada indicador seja avaliado da seguinte forma:

- **Não aplicável (N/A)** se o requisito referido pelo indicador não for aplicável ao objetivo avaliado;
- **0 pontos** - se o requisito descrito pelo indicador não for totalmente satisfeito;
- **1 ponto** - se o requisito descrito pelo indicador for cumprido em parte, mas num máximo de 50%;
- **2 pontos** - se o requisito descrito pelo indicador for cumprido em parte, mas mais de 50%;
- **3 pontos** - se o requisito descrito pelo indicador for totalmente cumprido.

Os indicadores têm coeficientes de ponderação associados, com valores possíveis de 1, 2 ou 3, consoante a importância da exigência a que o indicador se refere.

Após a avaliação dos indicadores de uma ficha, será determinado o nível de conformidade e/ou o nível de segurança.

O grau de conformidade expressa **a medida em que os requisitos que constituem os critérios de auditoria são cumpridos para o objetivo em análise, atribuindo a mesma importância a todos os requisitos.**

O nível de conformidade (NC) será obtido como **um rácio** entre a **pontuação obtida (PO)** e **a pontuação máxima (PM)** e expresso em percentagem de acordo com a relação:

$$NC = \frac{PO}{PM} \cdot 100 \quad [\%]$$

A pontuação obtida (PO) é calculada com a relação:

$$PO = a + b + c$$

onde:
- *a é o total das notas atribuídas às perguntas com coeficiente de ponderação 3;*
- *b - pontuação total atribuída às perguntas com coeficiente de ponderação 2;*
- *c - a pontuação total atribuída às perguntas com coeficiente de ponderação 1.*

A pontuação máxima (PM) é calculada com a relação:

$$PM = 3 \cdot (d + e + f)$$

onde:
- *d é o número de perguntas aplicáveis com coeficiente de ponderação 3;*
- *e - o número de perguntas aplicáveis com coeficiente de ponderação 2;*
- *f - o número de perguntas aplicáveis com coeficiente de ponderação 1.*

O nível de segurança exprime a medida em que os riscos de acidentes e de doenças profissionais são controlados para o objetivo em questão.

O nível de segurança (NS) é calculado com a relação:

$$NS = \frac{PO}{PM} \cdot 100 \quad [\%]$$

A pontuação obtida (PO) e **a pontuação máxima (PM)** são determinadas com base nas seguintes relações:

$$PO = a \cdot 3 + b \cdot 2 + c \cdot 1$$
$$PM = 3 \cdot (d \cdot 3 + e \cdot 2 + f \cdot 1)$$

C. Aplicação do método ao nível da direção da organização

O método é aplicado de forma diferenciada, por um lado ao nível de toda a organização para a avaliação da Gestão da Segurança e Saúde no Trabalho, através das fichas A e B, e por outro lado ao nível dos compartimentos, locais de trabalho ou actividades, através das fichas C e D.

A aplicação do método ao nível da gestão da organização permite obter as seguintes categorias de informação:

- não conformidade com os critérios de auditoria, que consiste em requisitos que não são totalmente cumpridos;
- o nível geral de conformidade com os critérios de auditoria.

1. Documentação das não-conformidades. As não conformidades identificadas são centralizadas no **Relatório de acções correctivas/preventivas**, elaborado de acordo com o modelo da *tabela 1.1.*

2. Determinação do nível de conformidade geral. As pontuações máximas (PM), as pontuações obtidas (PO) e os níveis de conformidade parcial (NC) obtidos para as fichas A e B devem ser centralizados no *quadro 1.2.* para calcular o **nível de conformidade geral** global da gestão da organização com os requisitos legais no domínio da segurança e saúde no trabalho.

Quadro 5.1. Relatório de acções correctivas/preventivas

Organização:
Objetivo auditado:
Data :

RELATÓRIO DE ACÇÕES CORRECTIVAS/PREVENTIVAS

Código do indicado r	Descrição da não-conformidad e	Acções correctivas/preventiv as	Responsáv el	Prazo de conclusão

Quadro 5.2. Nível de conformidade geral

Organização:
Objetivo auditado:
Data:

NÍVEL DE CONFORMIDADE GERAL

Folh a códi	Designação	Pontuação		Nível de conformid ade
		máximo"(PM)	obtido (PO)	

go				
A	**Obrigações da entidade patronal**			
B	**Direitos e obrigações dos trabalhadores**			
		TOTAL		**NC$_g$**

O nível geral de conformidade (NCg) é dado pela relação:

$$NC_g = \frac{PO_A + PO_B}{PM_A + PM_B} \cdot 100 \quad [\%]$$

onde:
- *POA e POB são as pontuações obtidas para os cartões A e B, respetivamente;*
- *PMA e PMB - as pontuações máximas possíveis para os cartões A e B, respetivamente*

D. Aplicação do método ao nível dos compartimentos, locais de trabalho e actividades

A aplicação do método ao nível dos compartimentos, dos locais de trabalho e das actividades permite obter os seguintes resultados
- não-conformidades com os critérios de auditoria, que consistem em requisitos que não são totalmente cumpridos;
- o nível de conformidade global com os critérios de auditoria;
- o nível global de segurança do objetivo a avaliar;
- o nível de risco do objetivo avaliado, avaliado com base no nível geral de segurança.

1. Documentação de não-conformidades. Para a centralização das não-conformidades identificadas, o **Relatório de Acções Correctivas/Preventivas** apresentado na *tabela 5.1.* deve também ser utilizado neste caso.

2. Determinação do nível de conformidade geral. As pontuações máximas (PM), as pontuações obtidas (PO) e os níveis de conformidade parcial (NC) obtidos para cada uma das fichas C e D aplicadas devem ser centralizados no *quadro 5.3.* para efeitos de cálculo do **nível de conformidade geral** do objetivo em causa em relação aos critérios de auditoria.

Quadro 5.3. Nível de conformidade geral

Organização:

Objetivo auditado:
Data:

NÍVEL DE CONFORMIDADE GERAL

Folha código	Designação	Pontuação		Nível de conformidade
		máximo(PM)	obtido(PO)	
C. Requisitos gerais				
D. Requisitos específicos				
		TOTAL		NC_g

O **nível geral de conformidade (NCg)** é dado pela relação:

$$NC_g = \frac{\sum PO}{\sum PM} \cdot 100 \quad [\%]$$

Determinar o nível de segurança geral. As pontuações máximas (PM), as pontuações obtidas (PO) e os níveis de segurança parciais (NS) determinados para as folhas A e B, mas também para cada uma das folhas C e D utilizadas, são centralizados no *quadro 5.4,* onde se calcula o **nível de segurança geral** do objetivo em questão.

Tabela 5.4. Nível de segurança geral

Organização:
Objetivo auditado:
Data:

NÍVEL GERAL DE SEGURANÇA

Folha código	Designação	Pontuação		Nível de segurança	Nível de risco
		máximo(PM)	obtido(PO)		
A	Obrigações da entidade patronal				
B	Direitos e obrigações dos trabalhadores				
C. Requisitos gerais					

D. Requisitos específicos					
			TOTAL	NS$_g$	NR$_g$

O nível de segurança geral (NSg) é dado pela relação:

$$NS_g = \frac{\sum PO}{\sum PM} \cdot 100 \quad [\%]$$

onde:
- PO e PM são as pontuações obtidas, respetivamente as pontuações máximas possíveis determinadas para as fichas A e B utilizadas na avaliação da gestão da organização, bem como para as fichas C e D diretamente aplicadas ao objetivo avaliado.

3. Determinação do nível de risco geral. O nível de segurança é um indicador sintético convencional, inversamente proporcional ao nível de risco. Assim, o nível de risco do sistema de trabalho analisado pode ser avaliado de acordo com o valor do nível de segurança, com base numa relação de correspondência, como se mostra na *tabela 5.5*.

Tabela 5.5. A relação de correlação entre o nível de segurança e o nível de risco do objetivo em questão

Nível de segurança	Nível de risco
91-100%	Baixo risco
81-90%	Risco médio
71-80%	Risco elevado
menos de 71%	Risco muito elevado

BIBLIOGRAFIA

1. Basuc M., Năpar G., Baltă M., Zamfirache E., Toaje E.M., Vînturache M., Stoicescu D. — ***Saúde e Segurança no Trabalho - requisitos legais e boas práticas*** Centro de formação e aperfeiçoamento profissional da Inspeção do Trabalho, Botoşani, 2007;

2. Băbuţ, G., Moraru, R., Matei, I., Băncilă, N. — ***Sistemas de saúde e segurança no trabalho. Princípios orientadores,*** Focus Publishing House, Petrosani, 2002.

3. Dragoş Păsculescu, Daniel N. Fîţă, Florin G. Popescu, Emilia Grigorie, Teodora Lazăr e Cristina Pupăză — ***Capítulo 1: Avaliação de riscos em termos de segurança eléctrica para a subestação de energia da National Power Grid -*** Research Developments in Science and Technology, Vol. 4, Book Publisher International, ISBN: 978-93-5547-668-5 (Print), ISBN: 978-93-5547-669-2 (eBook), DOI: 10.9734/bpi/rdst/v4/15954D, 2022, (páginas 1-28),

4. Fîţă, D., Diodiu, L., — ***Power - Manual for electricians,*** AREL Publishing House, Bucareste, 2009.

5. Fîţă Nicolae Daniel, Moraru Roland, Iorga Ionel, Breben Florin, Păsculescu Dragoş, Păsculescu Mihai, Mihai Nelu — ***Electrical safety at work***, Universitas Publishing House, Petrosani, ISBN 978-973-741-260-7, 2011.

6. Fîţă Nicolae Daniel, Moraru Roland, Băbuţ Gabriel, Păsculescu Dragoş, Pană Leon, Bădică — ***Electrical safety of critical infrastructures and workers within the National Power System***, Universitas Publishing House, Petrosani, ISBN 978-973-741-642-1, 2019).

Marius, Vişan
Nicolae

7. Florin G. Popescu, Dragoş Păsculescu, Daniel N. Fîţă, Cristina Pupăză, Teodora Lazăr e Emilia Grigorie — *Capítulo 4: Auditing in terms of OHS of Critical Energy Infrastructures from Romanian Power System,* Research Developments in Science and Technology, Vol. 4, Book Publisher International, ISBN: 978-93-5547-668-5 (Print), ISBN: 978-93-5547-669-2 (eBook), DOI: 10.9734/bpi/rdst/v4/15953D, 2022, (páginas 1-28).

8. Matei, I., Moraru, R., Băbuţ, G. — *Allocation of a level of security - a new concept in risk, risk and safety analysis at work,* revista ICSPM, Bucareste, no. 3 - 4/1996, p. 47- 52.

9. Moraru, R., Băbuţ, G., Matei, I. — *Guide for Professional risk assessment,* Focus Publishing House, Petrosani, 2002.

10 Moraru, R., Băbuţ, G. — *Risk analysis,* Universitas Publishing House, Petrosani, 2000.

11 Moraru, R., Băbuţ, G. — *Gestão do risco. Abordagem global - Conceitos, princípios e estrutura,* Editora UNIVERSITAS, Petrosani, 2009.

12 Ministério do Trabalho, da Solidariedade Social e da Família - NRDIOS — *Regras específicas de segurança para o transporte e distribuição de eletricidade - 65/2004*